地球大数据
支撑可持续发展目标报告
（2019）

Big Earth Data
in Support of the Sustainable Development Goals (2019)

郭华东 ◎ 主编

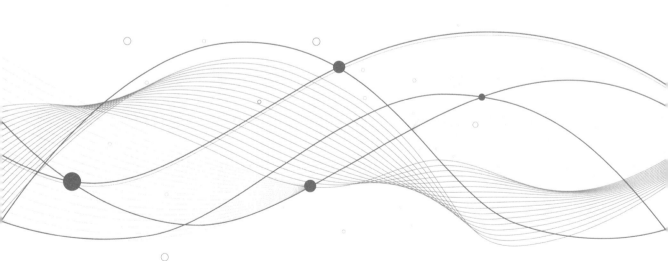

科学出版社

北 京

审图号：GS（2019）6203号

图书在版编目（CIP）数据

地球大数据支撑可持续发展目标报告. 2019 / 郭华东主编. -- 北京：科学出版社，2019.12
　ISBN 978-7-03-063807-6

　Ⅰ. ①地… Ⅱ. ①郭… Ⅲ. ①全球环境 – 可持续发展 – 研究报告 – 2019 Ⅳ. ①X22

中国版本图书馆CIP数据核字（2019）第281117号

责任编辑：牛　玲　侯俊琳　张翠霞 / 责任校对：韩　杨
责任印制：师艳茹 / 书籍设计：北京美光设计制版有限公司

科　学　出　版　社 出版
北京东黄城根北街16号
邮政编码：100717
http://www.sciencep.com

中国科学院印刷厂 印刷
科学出版社发行　各地新华书店经销
*

2019年12月第　一　版　　开本：787×1092　1/16
2019年12月第一次印刷　　印张：12 1/4
字数：200 000

定价：128.00元
（如有印装质量问题，我社负责调换）

《地球大数据支撑可持续发展目标报告（2019）》
编委会

序　言

　　2015 年 9 月，在联合国成立 70 周年之际，各国元首和代表相聚纽约联合国总部，通过了《变革我们的世界：2030 年可持续发展议程》。该议程是人类社会基于历史经验和对未来共同期望所提出的全面、系统、开拓进取的发展框架，为未来 15 年全球和各国的发展指明了方向，勾画了蓝图。该议程的核心是实现全球可持续发展目标（Sustainable Development Goals，SDGs），其指标体系已被全球所接受并采取各自的国别方案积极落实。

　　科技创新日新月异，其在 SDGs 实施中所发挥的关键作用越发凸显。为此，联合国启动了技术促进机制（Technology Facilitation Mechanism，TFM）以凝聚科技界、企业界和利益攸关方的集体智慧，支持和促进 SDGs 的实施，使全球走上可持续发展的道路，实现人与自然的和谐相处。面对可持续发展这个人类共同的宏大使命所提出的新需求和新挑战，中国科学院作为全球科技界的一员，正在组织研究力量积极行动。

　　SDGs 由 17 项目标、169 项具体目标和超过 230 个指标构成。世界各个国家发展的阶段和不同国家在不同领域的发展存在各种差异，不同目标之间有着彼此相互增强或制约的关系。因此，SDGs 本身是一个复杂、多样、动态和相互关联的庞大体系。对各目标的有效度量和监测是保障 SDGs 落实最重要的环节，但如何度量这些目标仍然面临很大困难，迫切需要建立科学合理和完善的可持续发展评估指标体系。目前只有大约 45% 的 SDGs 指标实现了既有方法又有数据，约39% 处于有方法无数据状态，还有多达 16% 的 SDGs 指标既没有统一的方法也没有数据。显然，如果在这些方面不能尽快取得进展，SDGs 的全面落实必然会大打折扣。

为有效应对上述挑战，中国科学院启动的"地球大数据科学工程"（CASEarth）专项科研团队围绕零饥饿、清洁饮水和卫生设施、可持续城市和社区、气候行动、水下生物、陆地生物等 6 个目标和 20 个指标，特别是针对在数据和方法方面存在不足的指标开展了工作。这份报告所呈现的数据分析成果，例如中国粮食生产可持续发展进程监测、"一带一路"沿线区域城镇化监测与评估、全球土地退化评估等成果，表明地球大数据及其相关技术和方法可以为我们认识这些 SDGs 相关重大问题提供新的发展分析工具和数据依据。可以预期，在地球大数据方面的这些示范工作的进一步开展和持续深入，将形成对 SDGs 目标指标体系有力的数据服务和支撑。对于众多发展中国家来说，尤其是对数据获取和处理、发展指标监测和评估方面技术能力相对薄弱的国家来说，中国在地球大数据面向 SDGs 的应用研究方面的探索和经验具有特别重要的意义。

CASEarth 专项开展的地球大数据支撑可持续发展工作是对《变革我们的世界：2030 年可持续发展议程》的有益贡献，同时也为中国科学家参与和推动全球 SDGs 的落实与合作共享提供了全新的平台。感谢郭华东院士领导的团队以科技创新积极服务 SDGs 实施所付出的努力，期待今后每年的报告中可以看到新的更出色的成果。

中国科学院院长
CASEarth 专项领导小组组长

前　言

　　《变革我们的世界：2030 年可持续发展议程》所提出的 SDGs 在落实过程中面临四个方面的挑战：①数据缺失和指标体系动态变化；②SDGs 数目繁多且相互关联；③目标度量监测本土化问题复杂多样；④SDGs 监测评价指标模型化存在难度。这些挑战需要科技的支撑，其中指标数据的严重不足是评估 SDGs 实现的主要挑战之一，一半以上的指标没有数据支撑。

　　为充分利用科技创新有效推动 SDGs 指标评估和目标实现，联合国提出了 SDGs 技术促进机制。该技术促进机制由联合国科技创新促进可持续发展目标跨机构任务组和 10 人专家组，科学、技术和创新促进可持续发展目标多利益攸关方协作论坛，以及网上平台三部分组成，以充分发挥科技创新在实现 SDGs 中的作用。SDG 技术促进机制最紧迫任务是实现对 Tier Ⅱ（有方法无数据）和 Tier Ⅲ（无方法无数据）数据和指标方法的突破。

　　作为科技创新的重要方面，大数据正在为科学研究带来新的手段和方法论。集地球科学、信息科学和空间科技等交叉融合的地球大数据，不仅来源于空间对地观测，还包括陆地、海洋、大气及与人类活动相关的数据，具备海量、多源、异构、多时相、多维度、高复杂度、非平稳、非结构化等特点，正成为我们认识地球的"新钥匙"和知识发现的"新引擎"，可在促进可持续发展中发挥重大作用。

2018 年 1 月，中国科学院启动了 A 类战略性先导科技专项"地球大数据科学工程"（CASEarth），利用地球大数据支撑 SDGs 是其重大目标之一。SDGs，特别是地球表层与环境、资源密切相关的诸多目标，具有大尺度、周期变化的特点，地球大数据的宏观、动态监测能力可为 SDGs 评价提供重要手段。

CASEarth 服务 SDGs 的主要目标包括实现地球大数据向 SDGs 相关应用信息的转化、为 SDGs 落实提供决策支持、构建地球大数据支持 SDGs 指标体系和集成，以及从地球系统的角度研究各目标间的关联和耦合。CASEarth 根据地球大数据的优势和 SDGs 指标体系的特点，遴选出 6 个 SDGs 中的 20 个指标进行剖析，以期对 11% 的 Tier Ⅱ 和 10% 的 Tier Ⅲ 指标做出实质贡献。这 6 个 SDGs 分别是：零饥饿（SDG 2）、清洁饮水和卫生设施（SDG 6）、可持续城市和社区（SDG 11）、气候行动（SDG 13）、水下生物（SDG 14）和陆地生物（SDG 15）。

地球大数据支撑 SDGs 指标实施监测与评估主要通过三个模式来实现：①数据贡献：利用地球大数据弥补数据缺失，提供评估数据新来源；②方法模型贡献：基于地球大数据技术和模型，创立 SDGs 评估新方法；③决策实践贡献：提供地球大数据 SDGs 案例，监测 SDGs 指标实践进展。通过协同设计方式，充分利用多源地球大数据，采用众源采集、云数据分析、人工智能等方法，系统分析从全球到地方尺度的典型案例，构建全球和区域 SDGs 空间评估指标体系，动态评估相关 SDGs 的全球和国别进展。

　　《地球大数据支撑可持续发展目标报告（2019）》汇聚了围绕 6 个 SDGs 所开展的案例研究、指标建设和可持续发展状态评估。报告总结了 27 个典型研究案例，这些研究案例分别从全球、区域、国家、典型地区四个尺度在数据、方法模型和决策支持方面对相关 SDGs 所包含的目标和指标进行了深入研究和评估，提供了较为系统的方案。27 个典型案例所覆盖的 20 个 SDGs 指标，在数据库建设、指标体系建设、指标进展评估等方面各有侧重。每一个典型案例首先清晰地列出对应目标和指标，然后依次从方法、所用数据、结果与分析和展望四个方面展开。从中可以看出地球大数据作为一种新的科学方法所具有的旺盛的生命力和巨大应用价值，特别是为中国和其他发展中国家和地区提供 SDGs 监测评估服务这种新型公共品的前景已经开始展现。本报告最后概括总结了地球大数据支撑 SDGs 实现的主要进展和下一步的研究重点。

　　近期，联合国发布了《2019 年可持续发展报告》，联合国秘书长古特雷斯在该报告的前言中讲到：2030 年议程在一些关键领域正在取得进展，但要更好地利用数据，在科技创新时要更加注重数字转型。联合国副秘书长刘振民在该报告中同时指出：对于一半以上的全球指标，大多数国家没有定期收集数据，要确保有足够的数据为 2030 年议程各方面的决策提供信息。由此可见数据的重要性和紧迫性。地球大数据有能力为 SDGs 的实现做出特有的贡献。

　　2019 年 9 月，《地球大数据支撑可持续发展目标报告》（含 12 个中国案例）在联合国发布。报告"揭示了有关技术和方法对监测评估可持续发展目标的应用价值和前景，为国际社会填补数据和方法论空白、加快落实 2030 年议程提供了新视角、新支撑"①。该报告成为中国政府参加第 74 届联合国大会的 4 个正式文件之一和参加联合国可持续发展峰会的 2 个正式文件之一。

联合国技术促进机制是实现 SDGs 的重要基础，中国的创新驱动战略以相同的理念在推动可持续发展。作为创新科技的地球大数据，在支撑 SDGs 实现中具有巨大潜力。我们计划持续开展 SDGs 研究工作，将《地球大数据支撑可持续发展目标报告》做成年度报告，欢迎国内外领域同行合作开展研究。

本报告得到中国科学院、外交部、科技部领导和相关部门的支持，得到 CASEarth 专项领导小组和科技促进发展局的支持。白春礼院长亲自作序，张亚平副院长、徐冠华院士给予指导，外交部国际经济司黄昳扬副司长，中国科学院科技促进发展局严庆局长、赵千钧副局长给予支持。CASEarth 专项总体组和专项办公室及有关项目、课题、子课题负责人给予帮助，SDGs 工作组、本报告编委会成员（即本报告作者群体）付出了辛勤的劳动。值此报告出版之际，一并向大家表示衷心感谢。

中国科学院院士

CASEarth 专项负责人

2019 年 8 月 31 日

---

① 外交部 . 中国发布《中国与联合国》以及关于气候变化、可持续发展等问题报告 . https://www.fmprc.gov.cn/web/wjbxw_673019/t1702606.shtml?from=timeline[2019-12-10].

执行摘要

2015 年，联合国可持续发展峰会通过了一份由 193 个会员国共同达成的成果文件，即《变革我们的世界：2030 年可持续发展议程》，旨在推进经济、社会与环境三位一体可持续协调发展。这是国际发展合作的一个重要里程碑。然而，该议程所提出的 SDGs 在实施过程中依然面临数据缺失、方法不完善、目标相互关联制约以及本地化问题多样等挑战。作为大数据的重要组成部分，地球大数据整合多源数据，通过不同学科和领域间知识与数据的交叉与集成，生成地理空间上更清晰、更丰富和更完整的信息产品，以用于复杂的、频繁的决策分析和支持，服务于 SDGs 的分析、评估和监测工作，为可持续发展做出贡献。本报告利用科技创新促进机制，结合地球大数据的优势和特点，推动地球大数据服务于 SDG 2 零饥饿、SDG 6 清洁饮水和卫生设施、SDG 11 可持续城市和社区、SDG 13 气候行动、SDG 14 水下生物和 SDG 15 陆地生物等 6 个 SDGs 指标监测与评估，在数据产品、技术方法、案例分析和决策支持方面提供研究结果。

在 SDG 2 零饥饿方面，本报告瞄准 SDG 2 中关于粮食生产的两个指标——SDG 2.3.1 按农业 / 畜牧 / 林业企业规模分类的每个劳动单位的生产量和 SDG 2.4.1 从事生产性和可持续农业的农业地区比例，综合采用国内外中高分辨率遥感卫星数据，结合农业统计数据、地面调查数据、气象站点数据等多元数据，融合遥感信息提取模型、统计模型、生态模型等，提出了指标 / 亚指标的评估方法，并分别从全球和中国两个尺度，实现了指标 / 亚指标的评估和发展进程的监测。研究发现，近 10 年来全球单位劳动力农作物产量增加了 34%，发达国家单位劳动力农作物产量高出不发达和发展中国家数十倍，但发展中国家具有更高的增长速度。对中国粮食生产环境影响的研究发现，2000 年以来，单位产量的环境影响（用地、用水、化肥过施风险）呈降低趋势，粮食生产系统朝着更为可持续的方向发展，同时，以城镇化为主要特征的土地利用变化正施加负向影响。本报告提出，统筹农田管理与土地管理是构建可持续粮食生产体系，帮助实现 SDG 2 零饥饿目标的重要途径。

在 SDG 6 清洁饮水和卫生设施方面，本报告遴选了地球大数据技术支撑的 SDG 6.1.1 饮用水安全、SDG 6.3.2 环境水质、SDG 6.4.1 用水效率和 SDG 6.6.1 与水有关的生态系统面积变化四项指标，通过五个案例在中国和"一带一路"两个空间尺度，从数据产品和技术方法两个角度例证了地球大数据对 SDG 6 目标实现的支撑作用。在案例中重点应用了卫星遥感、互联网、传统统计等多源数据，通过时空数据融合和模型模拟方法，实现了对中国城市饮用水安全和地表水环境的整体分析，探索了"一带一路"沿线地区典型灌区农业用水效率评价的新方法。同时基于卫星遥感影像，生产了 1990～2015 年东南亚各国 30m 空间分辨率红树林分布数据集、中亚五国 2018 年 16m 空间分辨率地表水体分布数据集，开展了涉水生态系统变化分析；发现了 1990～2015 年东南亚地区红树林面积呈减少趋势，2000～2018 年中亚五国地表水面积也呈减少趋势，"一带一路"沿线地区涉水生态系统退化问题是区域实现 SDG 6 目标的一项重大挑战。与此形成对比的是，自 2000 年以来，中国的红树林面积稳步提升，这主要得益于"退塘还林""退塘还湿"等生态保护政策的实施，上述政策经验可以为其他国家的涉水生态系统保护提供借鉴。

在 SDG 11 可持续城市和社区方面，本报告聚焦 SDG 11.2.1 公共交通、SDG 11.3.1 城镇化、SDG 11.4.1 文化和自然遗产、SDG 11.6.2 PM2.5、SDG 11.7.1 公共空间等五个指标开展 SDG 11 指标的监测与评估。利用地球大数据，突破了以传统统计数据为主的限制，提高了 SDGs 指标评价的时空分辨率；通过集成地球大数据科学技术方法，率先实现了 SDG 11 的中国本地化实践评价；基于合成孔径雷达（SAR）和光学影像融合生产了 2015 年全球 10m 分辨率不透水面遥感产品，其精度优于 86%，解决了土地消耗率与人口增长率比率（SDG 11.3.1）指标监测数据缺失问题；实现了"一带一路"沿线区域 1500 个城市 1990～2015 年每五年 SDG 11.3.1 指标监测与评估，揭示了该地区发展中国家的指标变化（从 1990～1995 年的 1.24 增加到 2010～2015 年的 2.67），表明"一带一路"沿线区域发展中国家土地城镇化和人口城镇化协调发展面临重大挑战；基于中国区域公共交通信息数据、中国城市扩张数据、自然文化遗产数据、PM2.5 监测产品、城市建成区公共空间面积等指标评价数据集，实现了中国城市可持续发展综合评价。通过 SDG 11 指标评估与进程监测，本报告中的相关案例研究完善了城市可持续发展指标体系，提出了"加大单位面积资金投入，保护和捍卫世界文化和自然遗产"新的评价指标和方法；建议修改 SDG 11.3.1 评价方法，以便更好地反映人口负增长或停滞地区土地城镇化和人口城镇化的关系。

在 SDG 13 气候行动方面，本报告聚焦 SDG 13.1.1 每 10 万人当中因灾害死亡、失踪和直接受影响的人数和 SDG 13.3 加强气候响应认知能力两个方面，利用地球大数据技术提供的数据集和模型方法，开展 SDG 13 指标监测与评估，为全球提供中国在 SDG 13 指标监测中的数据产品、方法模型、决策支持三个方面的贡献。生产了"一带一路"沿线国家和地区的灾害损失数据产品，分析各灾种的灾害损失动态变化，为评价"一带一路"沿线国家和地区在抵御或减少灾害损失方面的落实提供决策支持；构建全球尺度温室气体（CO_2）基于时序数据拟合的异常变化检测方法，生产全球大气卫星监测 CO_2 时空连续数据产品，并结合"一带一路"沿线冰川面积时空变化监测产品、北极海冰预测产品，监测与分析"一带一路"沿线及北极冰雪、全球温室气体排放的动态，为评价各国在全球减排控温目标方面的落实提供决策支持。

在 SDG 14 水下生物方面，聚焦 SDG 14.1.1、SDG 14.2.1 两个指标，综合采用中国近海典型海域的营养盐、叶绿素、生物量、溶解氧等理化指标，以及国家海洋监测相关部门的公报或公开发表数据，重点开展了方法模型构建与优化等研究工作。基于压力－状态－响应框架构建了适用于中国近海富营养化评估的综合评价体系和模型，科学评估了中国近海不同尺度海域的富营养化现状，可为中国近海营养盐污染和富营养化现状管理提供科学依据与技术支撑；基于胶州湾长时间序列观测数据，优化了卡片式生态系统健康评估方法，并开展了中国近海典型海湾的生态系统健康试验性评估；通过进一步推广相关技术的业务化应用，有望为近海环境保护和管理提供决策支持，有效推动 SDG 14 指标完成和目标实现。

在 SDG 15 陆地生物方面，本报告以 SDG 15.1.1 森林面积、SDG 15.1.2 保护区内陆地和淡水生物多样性的重要场地所占比例、SDG 15.3.1 已退化土地面积、SDG 15.4.2 山区绿化覆盖指数与SDG 15.5.1 红色名录指数等五个指标为主要研究对象，从全球、区域、国家及典型地区多个尺度汇集了 10 个案例开展评价与监测，从数据产品、方法模型与决策支持多个维度为 SDG 15 的实现做出贡献。综合利用地球大数据方法，获取了"一带一路"沿线国家和地区山区绿化覆盖指数、中南半岛森林覆盖、中国森林生态系统保护关键区域等科学数据，揭示了长时空序列的区域森林和绿地分布与变化，发现林地变化的区域差异和驱动因素，指出中国的森林保护空缺区域。建立了地球大数据支撑全球土地退化评估方法体系，发现全球 77 个国家土地退化面积大于土地恢复面积，2030 年 SDG 15.3 的实现面临严重挑战，中国土地净恢复面积全球占比 18.24%，为全球土地退化零增长做出了重要贡献。通过大熊猫栖息地的破碎化评估，发现 1976～2013 年大熊猫栖息地面积缩小且更加破碎化，提出应综合考虑保护物种的种群数量和栖息地环境的保护建议。基于红色名录指数评估，发现 2004～2017 年中国高等植物和陆生哺乳动物的红色名录指数呈上升趋势，鸟类的红色名录指数呈下降趋势，濒危状态进一步恶化，并指出威胁原因。

本报告重点围绕上述 6 个 SDGs 中的 20 个 SDGs 指标总结了 27 个研究案例，从典型地区、国家、区域、全球四个尺度在数据产品、方法模型和决策支持方面对相关 SDGs 目标和指标进行了深入研究和评估，取得了重要进展。本报告展现了地球大数据在支撑 SDGs 指标监测与评估方面的巨大应用价值与潜力，对 SDGs 决策部门和相关学术领域具有重要参考价值。

地球大数据支撑可持续发展目标案例全球分布图

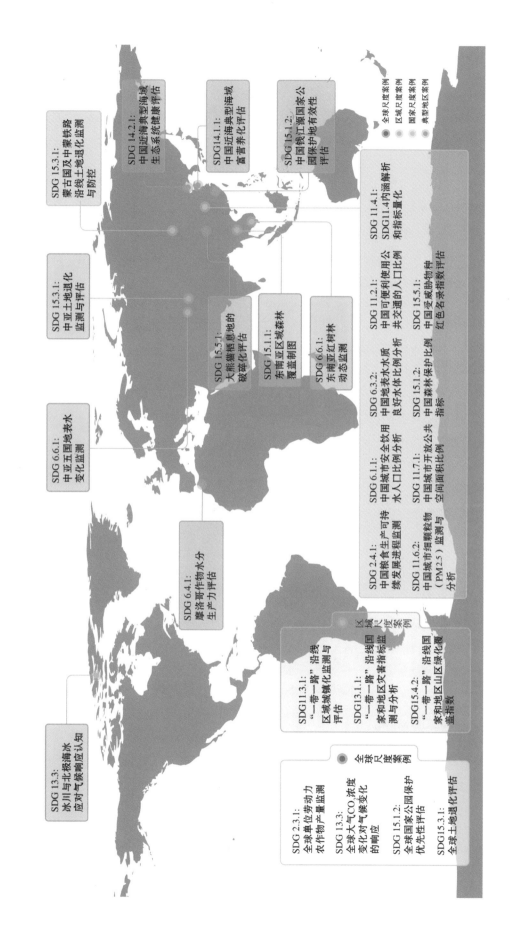

SDG 15.3.1:
蒙古国及中蒙铁路沿线土地退化监测与防控

SDG 14.2.1:
中国近海典型海域生态系统健康评估

SDG14.1.1:
中国近海典型海域富营养化评估

SDG 15.1.2:
中国线汇源国家公园保护地有效性评估

SDG 15.3.1:
中亚土地退化监测与评估

SDG 15.5.1:
大熊猫栖息地的破碎化评估

SDG 15.1.1:
东南亚区域森林覆盖制图

SDG 6.6.1:
东南亚红树林动态监测

SDG 11.4.1:
SDG11.4内涵解析和指标量化

SDG 11.2.1:
中国可便利使用公共交通的人口比例

SDG 15.5.1:
中国受威胁物种红色名录指数评估

SDG 6.3.2:
中国地表水水质良好水体比例分析

SDG 15.1.2:
中国森林保护比例指标

SDG 6.1.1:
中国城市安全饮用水人口比例分析

SDG 11.7.1:
中国城市开放公共空间面积比例

SDG 2.4.1:
中国粮食生产可持续发展进程监测

SDG 11.6.2:
中国城市细颗粒物（PM2.5）监测与分析

SDG 6.6.1:
中亚五国地表水变化监测

SDG 6.4.1:
摩洛哥作物水分生产力评估

SDG 13.3:
冰川与北极海冰响应对气候认知与应对气候变化

区域尺度案例

SDG11.3.1:
"一带一路"沿线区域城镇化监测与评估

SDG13.1.1:
"一带一路"沿线国家和地区灾害指标监测与分析

SDG15.4.2:
"一带一路"沿线国家和地区山区绿化覆盖指数

全球尺度案例

SDG 2.3.1:
全球单位劳动力农作物产量监测

SDG 13.3:
全球大气CO$_2$浓度变化对气候变化的响应

SDG 15.1.2:
全球国家公园保护优先性评估

SDG15.3.1:
全球土地退化评估

● 全球尺度案例
● 区域尺度案例
● 国家尺度案例
● 典型地区案例

地球大数据支撑可持续发展目标案例汇总表

对应指标	案例名称	研究区域	数据产品	方法模型	决策支持
SDG 2.3.1	全球单位劳动力农作物产量监测	全球	全球大宗粮油作物产量及单位劳动力农作物生产量	—	揭示区域发展趋势差异，提出重点关注区域
SDG 2.4.1	中国粮食生产可持续发展进程监测	中国	—	融合多元数据多学科模型的土地生产力、水资源利用和化肥施用风险亚指标评估方法	实现中国耕地利用可持续进程监测及驱动因素贡献评估，提出构建更为可持续粮食生产系统的措施
SDG 6.1.1	中国城市安全饮用水人口比例分析	中国	—	基于多源数据融合的安全饮用水人口分析方法	中国饮用水供给安全管理能力提升的政策建议
SDG 6.3.2	中国地表水水质良好水体比例分析	中国	2016年、2017年中国省级地表水水质良好水体比例	—	—
SDG 6.4.1	摩洛哥作物水分生产力评估	摩洛哥西迪本努尔典型灌区	—	基于地球大数据的面向农业灌区水资源管理的作物水分生产力估算方法	面向水资源优化管理的作物水分生产力评估
SDG 6.6.1	东南亚红树林动态监测	东南亚	1990～2015年东南亚地区红树林分布数据集	—	为东南亚地区红树林生态系统保护提供数据支撑
SDG 6.6.1	中亚五国地表水变化监测	中亚	中亚五国2018年地表水面数据集	—	为中亚地区国家涉水生态系统保护提供数据支撑
SDG 11.2.1	中国可便利使用公共交通的人口比例	中国	中国区域公共交通信息数据	基于交通空间数据的指标测算方法	为开展中国尺度城市可持续发展综合评价提供数据支撑

续表

对应指标	案例名称	研究区域	数据产品	方法模型	决策支持
SDG 11.3.1	"一带一路"沿线区域城镇化监测与评估	"一带一路"沿线区域	2015年(SDGs基准年)全球10m分辨率高精度城市不透水面空间分布信息;"一带一路"沿线区域1500个人口超过30万城市1990年、1995年、2000年、2005年、2010年和2015年城市扩张遥感数据集	提出利用多源多时相升降轨SAR和光学数据结合其纹理特征和物候特征提取的全球不透水面快速提取方法;开展了SDG 11的中国本地化实践评价方法	为"一带一路"沿线区域城市可持续发展提供决策支持;为开展中国尺度城市可持续发展综合评价提供数据支撑
SDG 11.4.1	SDG 11.4内涵解析和指标量化	中国	中国244个保护区分东部、中部、西部单列人均支出统计图表以及单位面积支出统计图表;黄山世界遗产地遥感生态指数(RSEI)25年时间序列数据集	提出"加大单位面积资金投入,保护和捍卫世界文化和自然遗产"	—
SDG 11.6.2	中国城市细颗粒物(例如PM2.5)监测与分析	中国	中国2010~2018年PM2.5年均浓度	—	—
SDG 11.7.1	中国城市开放公共空间面积比例	中国	中国城市建成区公共空间面积评价数据集	提出一种简便的指标核算方法,能为其他国家开展本指标评价及结果的国际对比提供经验借鉴	为开展中国尺度城市可持续发展综合评价提供数据支撑
SDG 13.1.1	"一带一路"沿线国家和地区灾害指标监测与分析	"一带一路"沿线国家和地区	"一带一路"沿线国家和地区SDG 13.1.1指标数据产品	—	为评价各国在抵御或减少灾害损失方面的落实情况提供数据支持
SDG 13.3	全球大气CO_2浓度变化对气候变化的响应	全球	全球大气卫星监测CO_2时空连续数据产品	形成全球尺度温室气体(CO_2)基于时序数据拟合的异常变化检测方法	分析极端事件引起的大气CO_2浓度异常,为控制大气CO_2浓度升高、制定环境保护、改善和修复气候变化提供政策决策参考

续表

对应指标	案例名称	研究区域	数据产品	方法模型	决策支持
SDG 13.3	冰川与北极海冰应对气候响应认知	"一带一路"沿线国家和地区	"一带一路"沿线冰川时空监测产品；北极海冰预测产品	—	为依靠冰川补给区水资源合理规划及北极航道开发等战略规划提供决策参考
SDG 14.1.1	中国近海典型海域富营养化评估	中国近海	—	构建适用于中国近海富营养化评估的第二代综合评估体系；科学评估中国近海典型海域富营养化状况	参与中国近海典型海洋富营养化评价海养行业标准的制定；撰写富营养化评价国际报告并提交联合国环境规划署
SDG 14.2.1	中国近海典型海域生态系统健康评估	中国胶州湾	—	针对典型研究海域构建评估指标体系	—
SDG 15.1.1	东南亚区域森林覆盖制图	东南亚	30 m 中南半岛（越南、老挝、柬埔寨、泰国、缅甸）1990～2018 年（5 年或 10 年更新）森林覆盖数据集	—	—
SDG 15.1.2	全球国家公园保护优先性评估	全球	—	—	全球国家公园保护优先性评估报告
SDG 15.1.2	中国森林保护比例指标	中国	中国森林生态系统保护关键区域数据集，中国森林生态系统保护现状与保护空缺数据集	—	评估中国森林生态系统被自然保护地覆盖的比例
SDG 15.1.2	中国钱江源国家公园保护地有效性评估	中国钱江源国家公园	钱江源国家公园生态系统数据集，钱江源国家公园生物多样性数据集	—	钱江源国家公园生物多样性保护与管理对策
SDG 15.3.1	全球土地退化评估	全球	全球土地退化分布数据集	全球土地退化地球大数据评价方法体系	2000～2015 年全球土地退化国别评价报告

续表

对应指标	案例名称	研究区域	数据产品	方法模型	决策支持
SDG 15.3.1	中亚土地退化监测与评估	中亚	典型干旱区评价新数据源	适用于内陆干旱区土地退化精准评价的新评估方法体系	确定了中亚土地退化区域，为土地退化零增长（LDN）倡议恢复计划提供决策参考
SDG 15.3.1	蒙古国及中蒙铁路沿线土地退化监测与防控	蒙古国	30 m 空间分辨率的 1990~2015 年蒙古国以及中蒙铁路沿线土地退化数据	—	分析中蒙铁路沿线（蒙古国段）土地退化驱动力，发现了土地退化重点区域，提出了土地退化防控建议
SDG 15.4.2	"一带一路"沿线国家和地区山区绿化覆盖指数	"一带一路"沿线国家和地区	"一带一路"沿线地区山区绿化覆盖指数数据集	发展了格网尺度的山区绿化覆盖指数计算模型，能够体现山地浓缩环境梯度和高时空异质性特征	"一带一路"地区山区绿化覆盖指数评估报告
SDG 15.5.1	中国受威胁物种红色名录指数评估	中国	中国物种红色名录指数数据	—	—
SDG 15.5.1	大熊猫栖息地的破碎化评估	中国西南地区	全国大熊猫栖息地的现状分布数据，近 40 年全国大熊猫栖息地变化数据	—	大熊猫栖息地的演变特征与保护建议

目　　录

第七章

**SDG 15
陆地生物**

第一章

地球大数据服务
联合国可持续发展目标

地球大数据服务
联合国可持续发展目标

《变革我们的世界：2030 年可持续发展议程》的核心是 17 个 SDGs。中国高度重视该议程的落实，以实际行动为应对全球挑战、实现共同发展做出重要贡献。

联合国《变革我们的世界：2030 年可持续发展议程》是一项宏伟的战略行动计划，要实现 SDGs，需要充分发挥科技的作用。在众多学科和技术领域中，快速发展中的大数据技术无疑正发挥着独特和日益重要的作用。

数据密集型范式

随着科学技术的飞速发展，在社会需求的强大驱动下，新一轮信息技术革命与人类社会活动交汇融合，半结构化、非结构化数据大量涌现。数据的产生已不受时间和空间的限制，数据呈爆炸式增长，数据类型繁多且复杂，已经超越了传统数据管理系统和处理模式的能力范围，人类正在开启大数据时代新航程。国际上，从联合国到各国政府都高度重视大数据发展；中国全面实施国家大数据战略，大数据发展突飞猛进。

数据革命，包括开放的数据移动、众包的兴起、信息通信技术的涌现、大数据可用性的爆炸式提升，以及人工智能和物联网的出现，正在影响全球的生产、流通、分配和消费方式，也正在改变人类的生产方式、生活方式、经济运行机制和国家治理模式。与此同步发展的计算科学和数据科学，使得实时处理和分析大数据变成了现实。通过数据挖掘获取的新数据，可以作为官方统计和调查数据的补充。新数据与传统数据的结合可以创造更详细、更及时和更相关的高质量信息，从而促进人类行为和经验信息的积累。

数据是影响决策的重要因素之一。利用大数据技术的长周期、多尺度、宏观和微观等特性进行多源信息的获取、挖掘与分析，可以更好地监测和评估落实 SDGs 的进展，提出更科学和更有针对性的发展指导建议。

地球大数据

地球大数据是大数据的一个重要分支，正成为地球科学和信息科学交叉的一个新的前沿研究领域，在推动地球科学深度发展以及重大科学发现方面意义重大。

地球大数据是面向地球科学形成的新型数据密集型研究方法，由具有空间属性的与地球科学相关联的大数据构成，包括陆地、海洋、大气及与人类活动相关的数据。地球大数据通过多种对地观测方式、地球勘测方法及地面传感网产生，不仅具有体量大、来源广、时相多、价值高等大数据的一般特性，同时也具有高瞬时性、任意空间性、物理相关性等特点，其关键技术主要包含对地观测技术、通信技术、计算技术和网络技术等。

地球大数据的一个重要特征就是能够实现多元数据的整合，有助于产生更相关、更丰富和更完整的信息用于复杂的、频繁的分析和决策支持。因此，地球大数据可服务于 SDGs 的实现，为社会对可持续发展的需求做出贡献。与此同时，地球大数据的发展将迎来更开放、更透明的数据政策，从而使人类和地球能够期许更美好的未来。

地球大数据支撑SDGs实施

目前，联合国、多国政府、多个国际组织等正在开展 SDGs 指标体系构建及指标监测评估研究，但在具体实施过程中面临诸多挑战。其中，数据缺失是监测 SDGs 进程最艰巨的挑战。数据统计体系不完善、不一致，以及指标体系缺失是造成数据缺乏和质量不高的主要原因；SDGs 监测的评价指标模型化问题复杂，受限于数据的可获取性，在进行综合评价时，并不是所选指标均能模型化实现。因此，如何科学建立综合、交叉、多要素相互作用评价模型库是一个难点问题。

SDGs，特别是地球表层与环境、资源密切相关的诸多目标，具有大尺度、周期变化的特点。中国科学院启动的 CASEarth，旨在利用地球大数据驱动跨学科、跨尺度宏观科学发现，以系统性和整体性的理念为指导去研究一系列重大科学问题，以期在对地球系统科学认知上产生重大突破，同时在发展决策支持上实现新的跨越，在科学发现、宏观决策、技术创新和知识传播等方面实现成果的持续产出。

CASEarth 提出以地球大数据为技术促进机制，重点围绕零饥饿（SDG 2）、清洁饮水和卫生设施（SDG 6）、可持续城市和社区（SDG 11）、气候行动（SDG 13）、水下生物（SDG 14）和陆地生物（SDG 15）开展研究工作。地球大数据技术的宏观、动态监测能力为可持续发展评价提供了重要手段，可整合集成资源、环境、生态和生物领域的数据库、模型库和决策方法库，构建SDGs评价指标体系和决策支持平台，对经济、社会、环境三个方面的可持续发展进行有效的监测和评估，有助于产生更相关、更丰富的信息用于决策支持。特别重要的是，地球大数据能够把大范围区域作为整体进行认知（图1-1）。

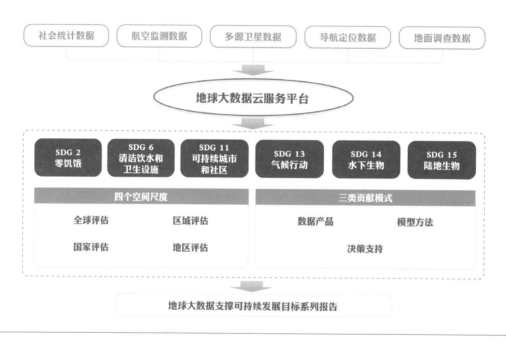

图 1-1　CASEarth 支撑 SDGs 框架图

CASEarth 专项围绕 SDGs 的研究内容包括以下四个方面。

（1）通过构建地球大数据共享服务平台，成为联合国 SDGs 实施的数据提供者；

（2）围绕 SDG 2、SDG 6、SDG 11、SDG 13、SDG 14 和 SDG 15 等目标开展全球、区域、国家和典型地区四个不同尺度的 SDGs 评估指标体系构建以及监测评估；

（3）从数据产品、模型方法和决策支持三方面开展地球大数据评估 SDGs 示范，并将其在全球进行推广，丰富 SDGs 评估的新数据、新方法、新能力；

（4）在数据收集分析的基础上，定期监测和评估 SDGs 的进展，形成"地球大数据支撑可持续发展目标"系列报告，为全球 SDGs 评估贡献新思路。

　　数据共享作为消除数据孤岛、提高数据交换效率的一种方式，是地球大数据支撑 SDGs 的关键要素之一。CASEarth 正积极建设包括具有 50 PB 存储能力和 2 PF 运算能力的大数据云服务平台、数据汇交系统、数据共享服务系统（http://data.casearth.cn）等，为数据共享提供稳定的基础设施保障和支持。数据共享服务系统的建立打破了数据共享的政策壁垒，完善了数据共享评价体系，建立了数据共享指标等可操作的知识产权保障机制，确保了共享数据的真实性、准确性和时效性，保证了数据可发现、可访问、可交互、可重用、可引用。目前，共享数据总量约 5 PB，随着云服务平台硬件条件研发的不断成熟，将以每年 3 PB 的数据量持续更新。

　　目前，CASEarth 利用地球大数据支撑 SDGs 已开展了很好的实践。CASEarth 以地球大数据作为科技创新方法，构建面向 SDGs 的技术促进机制，为人类认识地球做出积极贡献，在服务全球可持续发展上实现新的跨越。

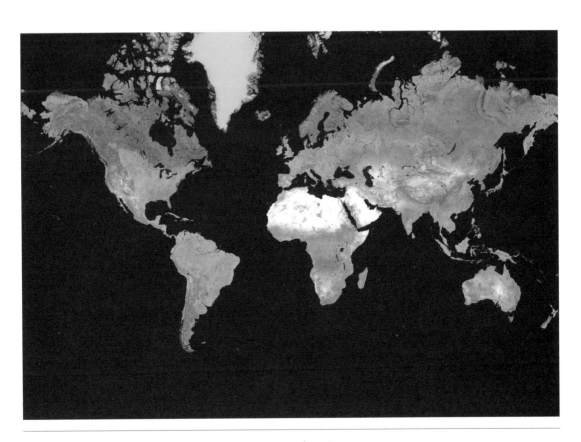

全球卫星遥感影像图

2 零饥饿

第二章
SDG 2 零饥饿

背景介绍

消除饥饿、保障粮食安全是实现全球SDGs的基础。目前，全球营养不良人口比例在多年的持续降低之后有所抬升，超过10%。这些营养不良人群大多集中在撒哈拉以南的非洲、南亚等地区。气候变化、战争与冲突以及经济发展的不平衡为实现全球粮食安全带来了诸多不确定因素。

SDG 2旨在消除任何形式的饥饿，实现粮食安全，改善人类营养状况和促进可持续农业。其下设8个具体目标和13个评价指标，涵盖营养需求、食物供给及其保障、国家行动等方面，以期引导政府调控、建立符合需求的可持续粮食供应及保障体系。

SDG 2的监测主要由联合国粮食及农业组织（FAO）、世界卫生组织（WHO）和联合国儿童基金会（UNICEF）主导，监测数据依靠各国统计部门调查获取。然而，统计调查这一传统手段在监测数据获取的时效性、空间解析度及成本花费上的不足全球已有广泛共识。对地观测技术在食物供给及其保障这类自然相关指标的监测方面具有得天独厚的优势。目前已有研究对农业生产用地分布、粮食产量等粮食生产相关要素采用对地观测技术进行了长期的监测。这类要素能够间接反映SDG 2相关指标情况，但仍亟须与社会经济数据融合开展指标的直接评估。

本报告聚焦食物供给及其保障相关的两个Tier Ⅱ指标（表2-1），通过多学科模型融合形成基于地球大数据的指标评估方法，从全球和国家两个尺度，开展指标评估与进程监测，为建立可持续粮食供应系统，实现零饥饿目标提供支撑。

表 2-1　重点聚焦的 SDG 2 指标

具体目标	评价指标	分类状态
2.3 到2030年，实现农业生产力翻倍和小规模粮食生产者，特别是妇女、土著居民、农户、牧民和渔民的收入翻番，具体做法包括确保平等获得土地、其他生产资源和要素、知识、金融服务、市场以及增值和非农就业机会	2.3.1 按农业/畜牧/林业企业规模分类的每个劳动单位的生产量	Tier Ⅱ
2.4 到2030年，确保建立可持续粮食生产体系并执行具有抗灾能力的农作方法，以提高生产力和产量，帮助维护生态系统，加强适应气候变化、极端天气、干旱、洪涝和其他灾害的能力，逐步改善土地和土壤质量	2.4.1 从事生产性和可持续农业的农业地区比例	Tier Ⅱ

主要贡献

　　围绕食物供给及其保障相关指标监测中存在的技术难点，创新融合对地观测数据与其他多源数据的指标/亚指标评估方法；聚焦目标实现的关键区域，开展指标评估及进程监测，形成全球和国家两个尺度指标评估数据产品；针对目标实现的重要指标——单位劳动力农作物生产量、从事生产性和可持续农业比例，开展案例分析，揭示共性问题，并提出区域差别化的决策建议。具体贡献如表 2-2 所示。

表 2-2　案例名称及其主要贡献

指标	案例	贡献
2.3.1 按农业/畜牧/林业企业规模分类的每个劳动单位的生产量	全球单位劳动力农作物产量监测	数据产品：全球大宗粮油作物产量及单位劳动力农作物生产量 决策支持：揭示区域发展趋势差异，提出重点关注区域
2.4.1 从事生产性和可持续农业的农业地区比例	中国粮食生产可持续发展进程监测	方法模型：融合多元数据多学科模型的土地生产力、水资源利用和化肥施用风险亚指标评估方法 决策支持：实现中国耕地利用可持续进程监测及驱动因素贡献评估，提出构建更为可持续粮食生产系统的措施

案例分析

全球单位劳动力农作物产量监测

尺度级别：全球
研究区域：全球

　　实现零饥饿和消除贫困的首要任务是确保充足的食物来源，提升农业生产力是保障粮食供给的重要手段。小型粮食生产者由于受农业气象条件、灌溉水平、农药化肥使用量、田间管理水平等的诸多限制，其每个劳动单位的农作物产量要低于大型粮食生产者，尤其是小型粮食生产者经营模式下的雨养作物单产年际波动较大。基于"全球农情遥感速报系统"（CropWatch）的农作物产量监测模型及人口统计数据，可快速开展农作物产量监测，实现单位劳动力农作物产量评估，为相关国家粮食生产、粮食安全决策与保障能力提供重要的农情信息服务，对实现零饥饿目标具有重要的意义。

对应目标

2.3 到2030年，实现农业生产力翻倍和小规模粮食生产者，特别是妇女、土著居民、农户、牧民和渔民的收入翻番，具体做法包括确保平等获得土地、其他生产资源和要素、知识、金融服务、市场以及增值和非农就业机会

对应指标

2.3.1 按农业／畜牧／林业企业规模分类的每个劳动单位的生产量

方法

　　面向 SDG 2 零饥饿目标，针对全球 42 个粮食生产和出口国开展基于众源数据采集与云计算的农作物样本信息采集；采用作物产量遥感监测模型，结合农气站点单产、气象及农作物样本数据，对全球 42 个粮食生产和出口国多年的小麦、水稻、玉米、大豆等大宗粮油作物产量进行估算；结合全球 42 个粮食生产和出口国的国家农业人口统计数据，实现了2009～2018 年全球 42 个粮食生产和出口国的单位劳动力农作物产量监测。

所用数据

◎ 遥感数据包括环境一号、高分一号、高分二号、资源三号、哨兵 1 号（Sentinel-1）、哨兵 2 号（Sentinel-2）、陆地卫星 8 号（Landsat-8）、MODIS、TRMM、PROBA-V 等卫星数据。

◎ 统计数据包括全球粮食生产和出口国国家农业人口数据。

◎ 地面调查数据包括农气站点单产、气象、灌溉施肥等管理信息数据，以及基于众源数据采集的农作物样本数据。

结果与分析

2009～2018 年，全球单位劳动力农作物产量总体呈逐渐上升趋势，增长了 34%，年均增长 3.8%；与联合国千年目标的收官之年和 SDGs 的基准年 2015 年相比，2018 年全球单位劳动力农作物产量增长了 10%，年均增长 3.3%，总体趋势与 2009～2018 年相近。这意味着全球主要作物生产向着更为高效的方向发展，但离 2030 年实现农业生产率翻番的目标还有一定差距。

从空间格局来看(图 2-1)，非洲、亚洲的单位劳动力农作物产量显著低于北美洲、大洋洲、欧洲和南美洲。农田管理措施的差异是导致全球单位劳动力农作物产量产生差异的主要原因。发达国家采用规模化、集约化农场管理措施及精准农业管理方法，农业机械化程度较高，其单位劳动力农作物产量平均要高出不发达国家和发展中国家数十倍。然而，发展中国家的单位劳动力农作物产量增长速度较快，近十年实现单位劳动力农作物产量翻番的国家均为发展中国家。

监测期间，全球单位劳动力农作物产量增长较快的国家有安哥拉、蒙古国、乌克兰和白俄罗斯等，乌克兰增长态势尤其突出，一直保持持续快速增长；全球单位劳动力农作物产量为负增长的国家有意大利等发达国家，也有斯里兰卡、缅甸、埃及、肯尼亚等发展中国家，多为波动式下降；中国的全球单位劳动力农作物产量增长率接近全球平均水平，为 30%～40%（图 2-2）。挖掘发展中国家的单位劳动力农作物产量潜力，推行先进的农业管理技术，在适宜的地区加快其农业机械化水平，是提升全球单位劳动力农作物产量，实现到 2030 年农业生产率和收入翻倍的重要途径。

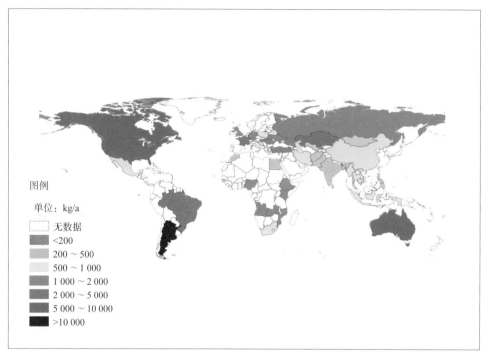

（a）2009 年

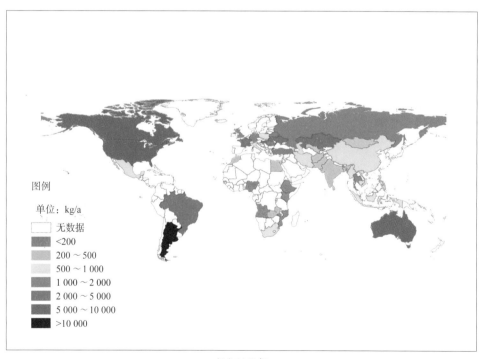

（b）2012 年

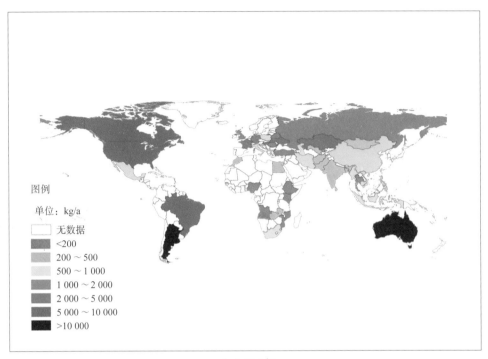

（c）2015 年

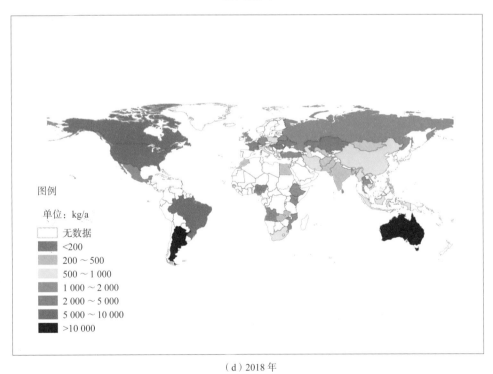

（d）2018 年

图 2-1　2009～2018 年全球单位劳动力农作物产量空间分布

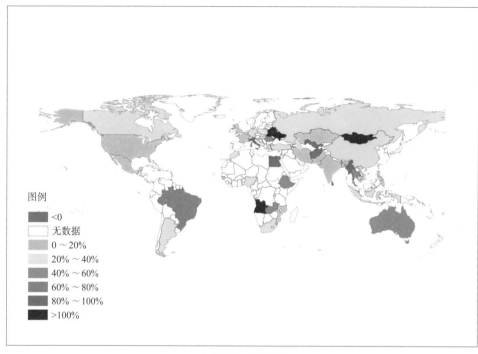

（a）2009～2018年

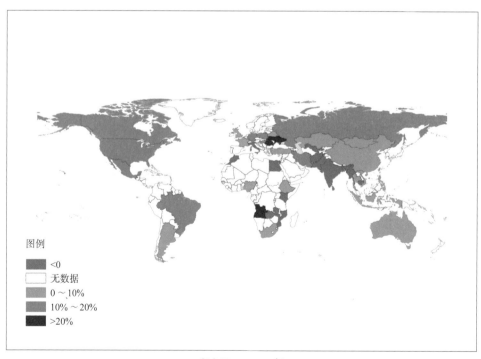

（b）2015～2018年

图 2-2 不同时段全球单位劳动力农作物产量增长率空间分布

成果要点

○ 2015～2018 年，全球单位劳动力农作物产量增加了 10%，全球主要作物生产向着更为高效的方向发展。

○ 发达国家单位劳动力农作物产量高出不发达国家和发展中国家数十倍，但发展中国家具有更高的增长速度。挖掘发展中国家的单位劳动力农作物产量增长潜力，推行先进的农业管理技术，在适宜的地区加快其农业机械化水平是提升全球单位劳动力农作物产量，实现到 2030 年农业生产率和收入翻倍的重要途径。

展望

技术创新方面，将加强 CropWatch 全球农情监测系统的云计算能力，提高全球农作物产量的处理和分析效率；在此基础上，进一步考虑不同地区、不同国家、不同省州的农业气候和种植结构差异来优化农作物产量监测；同时引入各国社会经济数据，结合人均收入、农场管理措施等来开展与单位劳动力农作产量的耦合分析。

应用推广方面，非洲和亚洲等小规模农业生产者劳动产出对实现全球粮食安全至关重要。目前，"数字丝路"国际科学计划（Digital Belt and Road Program，DBAR），已率先在莫桑比克开展 CropWatch 云平台定制化与系统移植，帮助莫桑比克掌握农情监测技术，并开展自主监测；未来将逐步推动监测技术和成果在其他部分"一带一路"沿线国家和地区的推广运用，提高农情监测的精准度，为实现 SDG 2.3 提供技术支撑。

2018 年 10 月，中国科学院遥感与数字地球研究所与埃塞俄比亚提格雷农业研究所联合
对埃塞俄比亚小麦产量进行野外调查
（图片摄于埃塞俄比亚默克莱市）

中国粮食生产力可持续发展进程监测

尺度级别：国家
研究区域：中国

可持续农业要求在不消耗土壤维持作物生长的能力、最大限度地减少基本资源消耗的情况下，有助于经济和社会发展，长期确保可持续性农业生产力。定量评估粮食生产系统的可持续性，需要对经济、环境和社会发展等方面的多个要素进行空间和时间上的监测，并量化它们的相互关系。这项任务的复杂性需要借助现代数据基础设施来实现，地球大数据方法正当其时。

对应目标

2.4 到2030年，确保建立可持续粮食生产体系并执行具有抗灾能力的农作方法，以提高生产力和产量，帮助维护生态系统，加强适应气候变化、极端天气、干旱、洪涝和其他灾害的能力，逐步改善土地和土壤质量

对应指标

2.4.1 从事生产性和可持续农业的农业地区比例

方法

聚焦 SDG 2.4.1 的三个亚指标——土地生产力、水资源利用和化肥施用风险，融合遥感监测数据、气象数据、统计数据、地面调查数据和文献信息等多源数据，采用遥感物候信息提取模型、空间分配模型、物质平衡模型、作物水分模型等方法，对其总量及空间格局进行定量估算，实现 1987～2015 年中国耕地产粮（占播种面积 76%、产量 87% 的 14 种主要作物）可持续发展进程监测。

为方便不同区域和亚指标间的比较，案例采用"环境强度"（生产每千卡[①]粮食所产生的环境影响）作为可持续衡量标准，并依据 SDG 2.4.1 元数据，基于指标的现状和变化趋势对可持续状况进行定义，即若"环境强度"降低，则意味着向着更为可持续的方向发展。

---

① 1 千卡（kcal）≈ 4.186J。

所用数据

◎ 遥感数据及相关产品包括基于 Landsat、中巴资源卫星、环境一号卫星数据的 1∶10 万全国土地利用遥感监测数据库、MODIS 时间序列植被指数数据。

◎ 统计数据包括全国作物播种面积和产量、有效灌溉面积、化肥施用量等。

◎ 地面调查数据包括污染普查数据、农业普查数据；文献信息包括作物物候、化肥施用强度等信息。

结果与分析

    1987 ～ 2015 年，中国粮食生产的平均用地强度、灌溉耗水强度和氮肥过施强度分别下降了 43%、30% 和 24%。磷肥过施强度增加了 66%，但在 2000 年之后也呈现出降低趋势。以上四项指标的环境影响强度在全国 26% 的耕地上均有所下降，这意味着这些耕地在所有四项指标上均向着可持续方向发展；全国只有 3% 的耕地在所有四项指标中强度均增加，处于不可持续的状态；生产力越高的地区各项指标改善程度越大（图 2-4）。从所监测亚指标的全国平均水平变化来看，中国的粮食生产体系正朝着更为可持续的方向迈进。

    农田管理措施变化和土地利用变化是导致粮食生产及其环境影响发生变化的两大原因。全国尺度农田管理措施的改进解释了 90% 以上的粮食产量和环境影响变化。同时，土地利用变化在部分区域起了决定性作用，且这一影响有加大的趋势。在城镇化过程导致优质耕地流失的同时，新增耕地在中国北方地区扩张，并有从东北向西北干旱、半干旱区转移的特点。更好地统筹农田管理与土地管理，是推动中国乃至全球城市化进程剧烈地区粮食生产进一步向可持续方向发展的重要途径。

新疆维吾尔自治区高标准农田建设

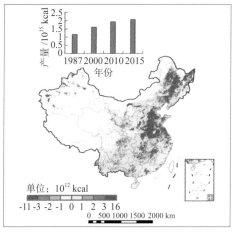

（a）产量变化

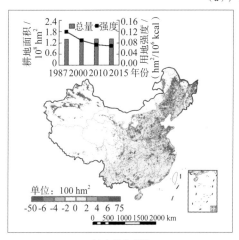

（b）耕地变化

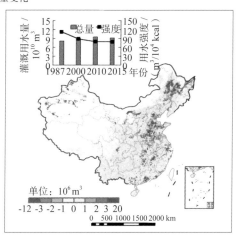

（c）灌溉用水变化

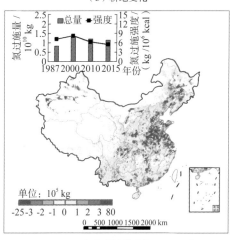

（d）氮过施变化

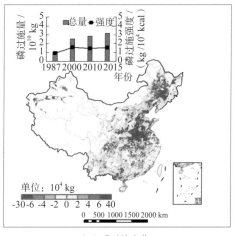

（e）磷过施变化

图2-4　1987～2015年中国耕地产粮可持续性评价指标变化及其空间分布
注：台湾省数据暂缺

成果要点

- 1987 年以来，中国约 1/4 的耕地上，粮食生产的平均用地强度、灌溉耗水强度和氮肥过施强度均降低，即朝着更为可持续的方向发展；从时间尺度来看，2000 年之后，这三个指标的全国平均水平朝着更为可持续的方向迈进。

- 农田管理措施的变化是各指标趋向可持续发展的主要驱动因素；同时，以城镇化为主要特征的土地利用变化对这一趋势形成了一定挑战，其作用趋强。更好地统筹农田管理与土地管理，是推动中国乃至全球城市化进程剧烈地区粮食生产进一步向可持续方向发展的重要途径。

 展望

技术创新层面，从深度挖掘遥感信息和扩大亚指标评估数量两个方面来加强对地观测技术在 SDG 2.4.1 评估中的应用，并探索社会、经济数据与对地观测数据在指标综合评估中的融合模式，推进基于对地观测技术的社会、经济和环境三类亚指标时空格局的全面监测。

应用推广层面，通过知识与技术共享的方式，扩大 SDG 2.4.1 的监测范围，将技术应用到全球人口高密度区也是粮食安全重点问题区的"一带一路"沿线区域，实现重点国家农业可持续发展进程评估，为实现 SDG 2.4 寻找问题靶点。

问题解决层面，SDG 2.4 的实现对 SDG 1、SDG 6、SDG 11 和 SDG 13 中多个可持续发展具体目标的实现具有联动效应。未来，在开展 SDG 2.4.1 评估的基础上，进行多个 SDGs 耦合实现方案研究，提出多可持续发展具体目标协同实现的区域差别化方案。

本章小结

可持续的粮食生产系统是实现 SDG 2 零饥饿目标的基本保障。对地观测技术对农业生产分布、粮食产出与波动以及农业生产环境影响等衡量粮食生产状况及其影响的指标监测具有得天独厚的优势，能够快速客观地获取高时间和空间解析度的数据，用于监测目标实现进程；与统计调查数据的融合能够实现综合性指标的准确评估，从而解析问题，并从空间上探测问题靶点区域。

本报告在 SDG 2 方面的工作聚焦于反映食物供给及其保障的两个 Tier Ⅱ 指标——SDG 2.3.1 和 SDG 2.4.1，综合采用中高分辨率遥感卫星数据，结合农业统计数据、地面调查数据、气象站点数据等多源数据，融合遥感信息提取模型、统计模型、生态模型等，提出基于地球大数据的指标 / 亚指标的评估方法，并分别从全球和中国两个尺度，实现了指标 / 亚指标的评估和发展进程的监测。

结果表明，近 10 年来，全球单位劳动力农作物产量共增加 34%，意味着全球主要作物生产向着更为高效的方向发展；发展中国家虽然单位劳动力农作物产量较低但具有更高的增长速度，推行先进农业管理技术、提升机械化水平，是实现农业生产力翻番的重要途径。中国粮食生产环境影响的研究表明，2000 年来，单位产量的用地、灌溉耗水和化肥过施均呈降低趋势，粮食生产系统总体朝更为可持续的方向发展；同时，城市化驱动下，优质耕地流失，边际耕地增加，对可持续发展趋势形成了一定挑战，更好地统筹农田管理与土地管理，是推动中国乃至全球城市化进程剧烈地区粮食生产进一步向可持续方向发展的重要途径。

通过指标评估与进程监测，CASEarth 专项为构建可持续粮食生产体系，实现 SDG 2 提出了一些应当关注的重点区域、重点问题及解决对策。

未来工作：① 加强地球大数据在 SDG 2 指标评估中的应用，充分利用国际组织与第三方机构，建立基础数据共享与技术推广机制，推进粮食安全问题严重同时技术力量相对薄弱的非洲、南亚等发展中国家的指标快速评估工作；② 针对零饥饿实现的重点问题——小规模生产者生产力及生产性和可持续农业的稳定性，聚焦"一带一路"沿线粮食安全敏感国家，开展 SDG 2 与 SDG 13 成果交叉结合，对农业系统的可持续性及其对气候变化的响应进行深入研究，为气候变化加剧背景下实现全球粮食安全提供决策支撑。

第三章

SDG 6 清洁饮水和卫生设施

背景介绍

　　水是保障人类社会和自然生态系统生存、发展的关键资源。SDG 6（为所有人提供水和环境卫生并对其进行可持续管理）是联合国在《变革我们的世界：2030 年可持续发展议程》中提出的 17 个 SDGs 中重要内容之一。良好的水质与充沛的水源也是实现其他 SDGs 的重要保障。

　　SDG 6 共包含 8 个具体目标和 11 个具体指标，涵盖水资源、水环境、水生态以及与水相关的国际合作等多个主题。为了全面监测、评价，联合国水机制（UN Water）组织、世界卫生组织等国际组织共同实施了三项监测计划，对指标开展监测。

　　数据是目前制约 SDG 6 指标监测的最大瓶颈。在 SDG 6 的 11 个具体指标中，有 5 个 Tier Ⅱ 类指标，属于有明确方法但缺少相关数据的指标。在全球范围内开展 SDG 6 各指标评价目前还存在一定难度，需要各个国家和地区根据自身情况，结合联合国要求，探索利用多源数据，创新评价方法，提升监测与评价的时空精度。

　　联合国 SDG 6 相关指标的元数据文件和评估报告中推荐的评价方法主要以统计和普查数据为依据。受抽样调查的成本及周期的限制，基于统计数据的指标评价实时性弱、空间解析能力有限，同时由于各国在统计体系和方法上的差异，导致评价结果间的可比性不强。

以大样本量、实时、动态、微观、详细、多源、自下而上、更加注重研究对象的地理位置信息等为特征的地球大数据，为可持续发展研究提供了一个全新的数据驱动力，也为 SDG 6 指标评价提供了新的途径。

目前应用的热点为综合利用卫星遥感和地面观测数据开展水环境、水生态指标的相关监测，具体包括：

① 开展湖泊及大型水库的水体叶绿素含量遥感估算，分析水体水质变化情况，推动实现 SDG 6.3.2 指标的大范围动态监测；② 基于多源数据和多模型融合，估算水分利用效率和评估水资源压力状况，以提升 SDG 6.4.1 和 SDG 6.4.2 监测和评估的准确性和空间代表性；③ 利用多源卫星遥感数据开展湖泊、河流、红树林等涉水生态系统空间变化制图，分析涉水生态系统面积的变化，为 SDG 6.1.1 指标的监测与评估提供数据支撑。

本报告介绍了 5 个利用地球大数据开展 SDG 6 指标监测的案例，重点探索了地球大数据支撑实现 SDG 6 目标的监测方法，生产了评价案例数据，形成了针对案例区 SDG 6 具体目标实现的政策建议，例证了地球大数据技术对 SDG 6 目标实现的支撑作用（表 3-1）。

表 3-1　重点聚焦的 SDG 6 指标

具体目标	评价指标	分类状态
6.1 到 2030 年，人人普遍和公平获得安全和负担得起的饮用水	6.1.1 使用得到安全管理的饮用水服务的人口比例	Tier II
6.3 到 2030 年，通过以下方式改善水质：减少污染，消除倾倒废物现象，把危险化学品和材料的排放减少到最低限度，将未经处理的废水比例减半，大幅增加全球废物回收和安全再利用	6.3.2 环境水质良好的水体比例	Tier II
6.4 到 2030 年，大幅提高所有部门用水效率，以可持续的方式抽取和供应淡水，以便解决缺水问题，大幅减少缺水人数	6.4.1 按时间列出的用水效率变化	Tier II
6.6 到 2020 年，保护和恢复与水有关的生态系统，包括山地、森林、湿地、河流、地下水含水层和湖泊	6.6.1 与水有关的生态系统范围随时间的变化	Tier I

主要贡献

通过 5 个案例在中国和"一带一路"两个空间尺度，从数据产品和技术方法两个角度例证了地球大数据技术对 SDG 6 目标实现的支撑作用。重点是应用卫星遥感、互联网、统计等多源数据，通过时空数据融合和模型模拟方法，实现了 SDG 6.1.1、SDG 6.3.2、SDG 6.4.1 和 SDG 6.6.1 等指标的高分辨率监测（表 3-2）。

表 3-2　案例名称及其主要贡献

指标	案例	贡献
6.1.1 使用得到安全管理的饮用水服务的人口比例	中国城市安全饮用水人口比例分析	方法模型：基于多源数据融合的安全饮用水人口分析方法 决策支持：中国饮用水供给安全管理能力提升的政策建议
6.3.2 环境水质良好的水体比例	中国地表水水质良好水体比例分析	数据产品：2016 年、2017 年中国省级地表水水质良好水体比例
6.4.1 按时间列出的用水效率变化	摩洛哥作物水分生产力评估	方法模型：基于地球大数据的面向农业灌区水资源管理的作物水分生产力估算方法 决策支持：面向水资源优化管理的作物水分生产力评估
6.6.1 与水有关的生态系统范围随时间的变化	东南亚红树林动态监测 中亚五国地表水变化监测	数据产品：1990～2015 年东南亚地区红树林分布数据集；中亚五国 2018 年地表水面数据集 决策支持：为东南亚和中亚地区国家涉水生态系统保护提供数据支撑

案例分析

中国城市安全饮用水人口比例分析

尺度级别：国家
研究区域：中国

饮用水的稳定、安全供给是保障人类生存与健康的重要基础。目前，全球范围内仍有7.85亿人缺少基本饮用水供应，2.6亿人单次取水花费时间超过30分钟。SDG 6.1.1指标延续自联合国千年发展目标（Millennium Development Goals，MDG），指标设置的目的是监测全球范围的饮用水供给情况。探索快速、准确的SDG 6.1.1指标监测方法，有助于分析安全饮用水供给现状、识别饮用水供给中的问题，为提升饮用水安全供给水平提供数据与决策支撑。

目前，对SDG 6.1.1的监测主要依赖于统计调查数据，这将花费大量的人力、物力、财力，同时调查评价的周期长、难度大，数据质量也受到调查样本的影响。本案例融合自来水入户率、饮用水水源地水质监测数据、饮用水风险事件舆情监测数据等多源数据，对中国地级市尺度2016年的安全饮用水人口比例进行监测、分析，识别目前饮用水供给中的风险问题，为进一步提升饮用水的安全供给水平提供数据支撑。

对应目标

6.1 到2030年，人人普遍和公平获得安全和负担得起的饮用水

对应指标

6.1.1 使用得到安全管理的饮用水服务的人口比例

方法

采用先确定安全饮用水供给空间范围，再叠加人口数据获取安全饮用水人口比例的总体思路。融合统计数据、网络大数据、遥感数据等多源数据开展中国地级市尺度安全饮用水人口比例分析。

具体操作中，以统计数据为基础，对自来水入户率数据进行空间分析，叠加基于网络获取的饮用水水源地水质监测信息与饮用水风险事件时空分析结果，获取某时间段内饮用水安全供给的空间范围，进一步叠加人口分布空间数据，统计能够使用安全饮用水的人口数及比例。

所用数据

◎ 统计数据包括 2016 年全国城市自来水入户率数据。

◎ 网络数据包括通过互联网获取的 2016 年全国城市集中饮用水水源地水质监测数据、2016 年饮用水风险事件网络舆情数据。

◎ 遥感数据包括全国公里网格人口分布数据。

结果与分析

综合运用统计数据、监测数据与网络舆情数据，开展了全国城市安全饮用水人口比例分析。2016 年，中国城市安全饮用水人口比例为 95.17%，这与世界卫生组织和联合国儿童基金会开展的联合监测计划（Joint Monitoring Programme，JMP）通过问卷调查获取的评价结果基本一致。国内各省（自治区、直辖市、特别行政区）中，比例最高的是北京市，达到 100%，最低的为西藏自治区，全区安全饮用水人口比例为 84.08%，总体上东部发达地区安全饮用水条件优于西部地区（图 3-1）。目前中国城市饮用水安全水平已达到较高水平，但是要实现 SDG 6.1 的具体目标还需进一步提升管理水平。近年来随着自来水普及率的逐步提高，饮用水水源地水质安全和突发污染事件成为影响区域饮用水安全的主要因素。突发污染事件造成的影响范围和影响时间一般较短，饮用水水源地水质问题是目前影响饮用水安全水平的主要风险，对于水源地水质存在长期风险和季节性风险的区域，建议建立饮用水水源地风险应急预案，寻找备用水源，保障饮用水水源地水质安全。

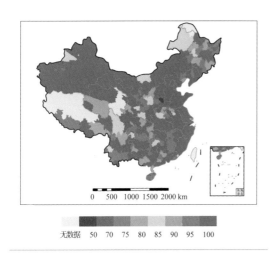

0 500 1000 1500 2000 km

无数据　50　70　75　80　85　90　95　100

图 3-1　2016 年中国安全饮用水人口比例评价

成果要点

- 2016 年中国城市安全饮用水人口比例达到 95.17%，东部地区饮用水安全水平高于西部地区。

- 随着自来水入户率的提升，饮用水水源地水质安全成为影响中国饮用水安全的主要因素，建议对集中饮用水水源地水质风险较高的区域建立应急预案，并寻找备用水源。

展望

　　将进一步收集 2017～2020 年的安全饮用水人口分析数据，特别是农村区域安全饮用水数据，开展 2017～2020 年的中国安全饮用水人口比例监测与评估工作，识别安全饮用水供给中存在的突出问题，形成针对性政策建议。

　　探索在全球范围内寻找有数据基础的国家及地区，尝试利用新的代用指标，基于多源数据开展安全饮用水人口比例指标监测与评估工作。

中国地表水水质良好水体比例分析

尺度级别：国家
研究区域：中国

地表水水质直接影响着人类与生态系统的健康。地表水污染问题是全球面临的共同挑战。在中国，过去 40 年的经济高速发展导致水体污染物的排放强度加大。为了提升水体质量，中国付出了巨大努力，提升水体质量监测水平是其中的重要一环。为了规范化监测流程，中国政府制定了国家《地表水环境质量标准》（GB 3838—2002），涉及 24 项具体监测指标，囊括了联合国推荐的 18 项监测指标；同时，在全国主要流域建立了完善的断面水质监测体系，布设大量自动监测站，对水功能区的水质进行监测、考核，重要水功能区监测覆盖率达到 95% 以上。依托现有监测体系，使用好已有数据，实现快速、准确的全国范围评估是地表水质监测的重要环节。

本案例通过收集各省（自治区、直辖市、特别行政区）、市环保监测部门发布在互联网上的全国各省（自治区、直辖市、特别行政区）、市的主要河流、湖泊、水库等水体水质监测数据，对数据开展统计和空间分析，获取中国省（自治区、直辖市、特别行政区）、市两个尺度地表水水质良好水体比例指标监测结果。首先通过中国的监测实践为全球其他区域的地表水水质监测提供可供参考的经验。

对应目标

6.3 到2030年，通过以下方式改善水质：减少污染，消除倾倒废物现象，把危险化学品和材料的排放减少到最低限度，将未经处理的废水比例减半，大幅增加全球废物回收和安全再利用

对应指标

6.3.2 环境水质良好的水体比例

方法

依托中国完善的地表水水质监测体系，利用网络数据爬取技术，全面收集 2016 年、2017 年全国各省（自治区、直辖市、特别行政区）地表水断面水质监测数据。根据国家《地表水环境质量标准》（GB3838—2002）中的定义，将Ⅰ、Ⅱ、Ⅲ类水划分为良好水质水体，对全国各省（自治区、直辖市、特别行政区）所有监测断面中良好水质水体占比进行统计，

进而获得全国各省（自治区、直辖市、特别行政区）地表水水质良好水体比例指标监测结果。

所用数据

◎ 各省（自治区、直辖市、特别行政区）、市环保监测部门发布的地表水水质监测数据。

结果与分析

　　基于互联网爬取的各省（自治区、直辖市、特别行政区）、市环保监测部门发布的地表水水质监测数据，开展 2016 年、2017 年全国各省（自治区、直辖市、特别行政区）地表水水质优良率指标评价。2016 年全国优良水体占比为 67.8%，Ⅰ类、Ⅱ类、Ⅲ类、Ⅳ类、Ⅴ类及劣Ⅴ类水体占比分别为 2.4%、37.5%、27.9%、16.8%、6.9% 和 8.6%，Ⅱ类、Ⅲ类水体居多。2017 年全国优良水体占比为 67.9%，水质总体较 2016 年有小幅度改善，劣Ⅴ类水体较 2016 年减少 0.2%。全国范围内西部地区地表水水质总体优于中东部地区，其中新疆、西藏地区地表水水体质量最优，2016 年、2017 年监测断面水质优良的比例均在 97% 以上。中东部地区，特别是华北地区仍有部分省区的地表水水质优良率较低，但改善的趋势明显（图 3-2、图 3-3）。经过多年的集中治理，中国地表水水质呈现逐渐改善的态势，但重点地区的地表水体质量仍然堪忧，建议结合区域重点污染源普查，开展分区差异化治理，进一步保障水体质量提升。

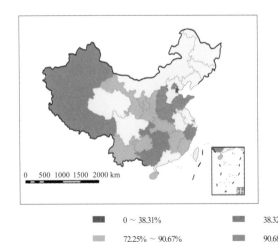

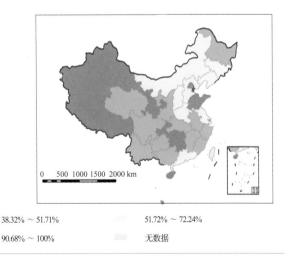

▇ 0 ~ 38.31%	▇ 38.32% ~ 51.71%	▇ 51.72% ~ 72.24%
▇ 72.25% ~ 90.67%	▇ 90.68% ~ 100%	无数据

图 3-2　2016 年中国省级地表水水质良好水体比例　　　　图 3-3　2017 年中国省级地表水水质良好水体比例

成果要点

- 中国 2016 年、2017 年地表水优良水体比例分别为 67.8% 和 67.9%，2017 年地表水水质较 2016 年有小幅改善。

- 全国范围内西部地区地表水水质总体优于中东部地区，重点区域需要进一步加强治理。

展望

　　将进一步收集 2018～2020 年中国各省（自治区、直辖市、特别行政区）、市地表水水质监测信息，完成并发布 2018～2020 年中国地表水水质良好水体数据与监测结果。

　　开展全球范围内各个国家、地区水质监测标准比较，分析目前在监测指标上的差异性，以及运用网络获取监测数据开展地表水水质分析的可行性，并在有数据基础的国家 / 地区开展应用。

摩洛哥作物水分生产力评估

尺度级别：典型地区
研究区域：摩洛哥西迪本努尔典型灌区

　　"一带一路"沿线国家和地区面临水资源时空分布不均、水资源短缺及地下水过度开采的问题。农业用水量大、耗水量高（消耗于蒸散发），全球农业用水占淡水取水量的70%，仅节约一小部分便可显著缓解其他行业的缺水压力。提高农业用水效率是实现农业节水、促进农业可持续发展以及水资源可持续开发利用的一项关键措施。开展基于地球大数据的作物水分生产力评估，在为联合国SDGs水资源可持续开发利用提供空间数据与决策支持方面具有重要的意义。

　　本案例依托在摩洛哥成立的"数字丝路"国际科学计划艾尔杰迪代国际卓越中心（DBAR ICoE-El Jadida），将基于地球大数据的作物水分生产力评估方法应用于摩洛哥西迪本努尔灌区，为灌区提高作物水分生产力和农业用水效率、促进水资源可持续开发利用提供科技支撑。

对应目标

6.4 到2030年，所有行业大幅提高用水效率，确保可持续取用和供应淡水，以便解决缺水问题，大幅减少缺水人数

对应指标

6.4.1 按时间列出的用水效率变化

方法

　　水分生产力是指单位水量所生产的生物物质产量或经济价值，即作物产量与蒸散耗水量之间的比值。以辐射通量、降水、风速、气温、空气湿度、气压等气象条件，以及多源遥感数据反演的地表参数作为驱动，以主控地表能量和水分交换过程的能量平衡、水量平衡及植物生理过程的机理为基础，发展基于地球大数据的作物水分生产力估算模型，并以摩洛哥西迪本努尔灌区为例，对其蒸散耗水量、作物产量，以及作物水分生产力进行定量评估和监测。

所用数据

◎ Sentinel-2、Landsat-8、MODIS等多源卫星遥感数据及相关反演地表参数,包括地表反照率、叶面积指数、植被覆盖度、地表温度、土壤湿度、土地覆盖类型、作物精细分类等。

◎ 欧洲中期天气预报中心（ECMWF）发布的ERA5全球近地面大气再分析数据,包括气温、露点温度、气压、风速、降水、下行短波辐射、下行长波辐射等。

结果与分析

　　摩洛哥西迪本努尔灌区为摩洛哥主要的农业区之一,由摩洛哥第二大水库阿尔马西拉（Al Massira）大坝的蓄水提供农业灌溉用水,在摩洛哥乡村和地区发展的进程中起到重要作用,在保障粮食安全、减少旱灾损失方面具有显著的贡献。灌区内主要作物类型为小麦（52%）、苜蓿（12%）、甜菜（20%）,2016～2018年作为粮食作物的小麦水分生产力为1.3 kg/m³,明显低于作为牧草的苜蓿（4.1 kg/m³）和主要经济作物甜菜（10.5 kg/m³）（图3-4～图3-6）。因不同的灌溉、施肥等田间管理方式,不同地块的小麦、苜蓿、甜菜等各种作物类型内部的水分生产力表现出明显差异,标准差分别为0.34 kg/m³、2.05 kg/m³ 和1.67 kg/m³。虽然小麦的水分生产力最低、耗水强度最大,但是为了保障粮食安全,同时兼顾水资源安全、缓解阿尔马西拉大坝针对不同用水部门的供水压力,在维持小麦种植面积的同时,改进农业节水设施建设,发展喷灌、滴灌等节水灌溉设施,降低农田无效耗水量,通过加强田间管理来实现在作物稳产高产前提下的节水增效,提高作物水分生产力。

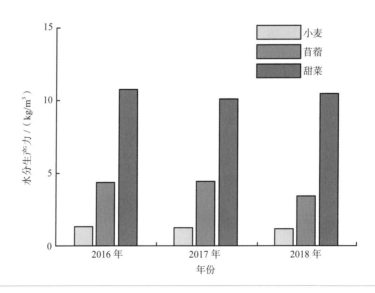

图3-4　2016～2018年摩洛哥西迪本努尔灌区主要作物类型水分生产力

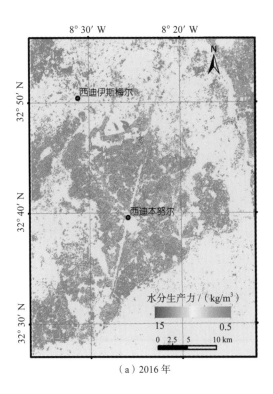

（a）2016 年

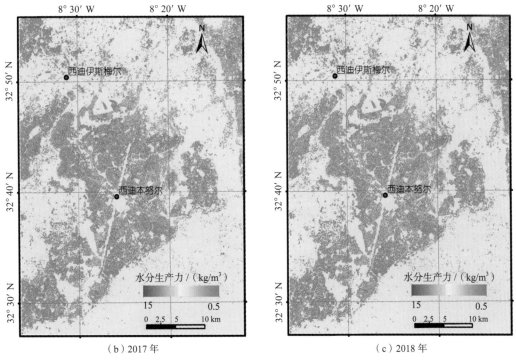

（b）2017 年　　　　　　　　　　　　　（c）2018 年

图 3-5　2016～2018 年摩洛哥西迪本努尔灌区作物水分生产力空间分布

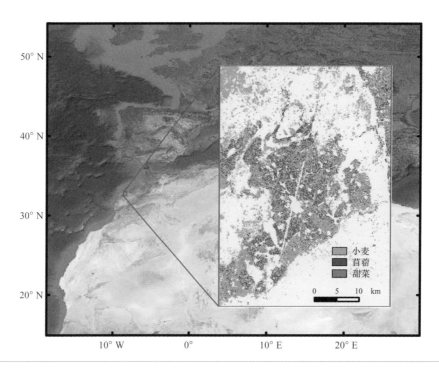

图 3-6　摩洛哥西迪本努尔灌区主要作物类型空间分布

成果要点

○ 在摩洛哥西迪本努尔灌区，作为粮食作物的小麦，其水分生产力为 1.3 kg/m³，明显低于作为牧草的苜蓿（4.1 kg/m³）和主要经济作物的甜菜（10.5 kg/m³）。

○ 为了保障粮食安全，同时兼顾水资源安全，在维持小麦种植面积的同时，需改进农业节水设施建设，发展喷灌、滴灌等节水灌溉设施，降低农田无效耗水量。

展望

SDG 6.4.1 提出了按时间列出的用水效率变化的指标，针对第一产业、第二产业、第三产业的水分利用效率，具有明确的评估方法但缺少相关数据（Tier Ⅱ），地球大数据可以为第一产业的农业水分利用效率和作物水分生产力评估提供数据支撑。基于地球大数据的作物水分生产力评估方法具有数据收集获取便利的优势，可以在短时间内对农田蒸散耗水、产量、水分生产力进行定量评估，本案例展示的方法和数据将在"一带一路"沿线国家和地区典型农业区推广应用。

东南亚红树林动态监测

尺度级别：区域
研究区域：东南亚

红树林（mangrove）是生长在热带、亚热带低能海岸潮间带的湿地木本植物群落，具有独特的海陆过渡特性，是海岸带具有重要的生态、经济、景观价值的湿地生态系统。红树林对全球环境及气候变化具有重要的指示作用，在维持海岸生物多样性、保护海岸带环境、防风消浪、护滩促淤、净化海岸水环境、保护农田村庄等方面发挥着不可替代的作用。

"海上丝绸之路"沿线红树林分布面积占全球红树林总面积的一半以上，且主要分布在热带－亚热带地区，故东南亚是"海上丝绸之路"沿线主要的红树林分布区。当前东南亚海岸带地区生态环境威胁突出，红树林湿地退化明显，但该区缺乏长时间序列的红树林动态变化的数据，为此，利用多时相 Landsat 数据，获取了 1990～2015 年东南亚红树林分布及变化状况。

对应目标

6.6 到2020年，保护和恢复与水有关的生态系统，包括山地、森林、湿地、河流、地下含水层和湖泊

对应指标

6.6.1 与水有关的生态系统范围随时间的变化

⚕ **方法**

对选用的 Landsat 影像经辐射定标、大气校正、配准等预处理后，参考 Google Earth 中相同时相的影像，通过判断不同类型红树林的光谱特征、纹理特征、空间配置关系等建立解译标志，然后利用 ArcGIS 软件完成矢量化，获得红树林的分布范围制图，并利用联合国粮食及农业组织（FAO）提供的红树林数据集和全球红树林分布图进行对比验证。

⚕ **所用数据**

◎ 1990～2015 年 1836 景 Landsat TM/ETM 影像，用于红树林的长期变化监测。
◎ FAO 提供的红树林数据集和全球红树林分布图，用于结果精度验证。

结果与分析

利用 1990 年、2000 年、2010 年、2015 年的 Landsat 遥感影像，提取东南亚地区的红树林分布面积，并进行 1990～2015 年东南亚红树林面积的变化提取（图 3-7）。结果显示，东南亚地区红树林面积占比最大的前三名分别是印度尼西亚（68%）、马来西亚（10%）和缅甸（9%）（图 3-8a）。1990～2015 年，东南亚红树林面积总体呈减少趋势，其中越南、菲律宾、泰国、缅甸、印度尼西亚、马来西亚和柬埔寨的红树林面积持续减少，新加坡、文莱红树林面积基本保持不变，中国红树林面积近年来略有增加（图 3-8b）。

1990～2015 年东南亚红树林面积持续减少，特别是越南、菲律宾、泰国、缅甸、印度尼西亚、马来西亚和柬埔寨的红树林面积均呈持续减少趋势，这主要与近年来东南亚经济发展较快有关，特别是越南、泰国等地，大力发展水产养殖，导致较多的红树林湿地变成了水产养殖塘。同时，水产养殖等还带来了环境的污染，又引起红树林湿地生态环境的破坏，导致红树林湿地面积进一步减少。与东南亚各国不同的是，中国近年来红树林面积呈增长趋势，原因是中国近年来重视生态环境的保护，并实施了相关政策（如退塘还林、退塘还湿）。

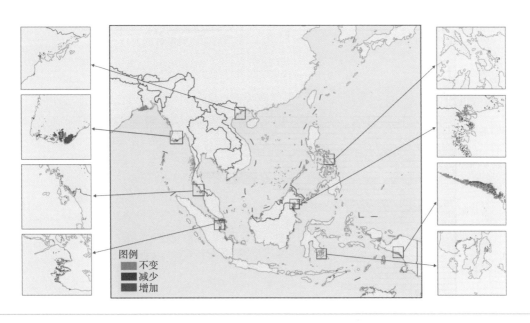

图 3-7　1990～2015 年东南亚红树林面积变化图

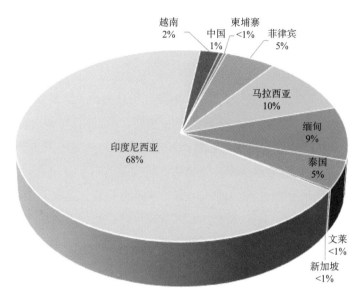

（a）2015 年中国及东南亚各国红树林面积分布比例

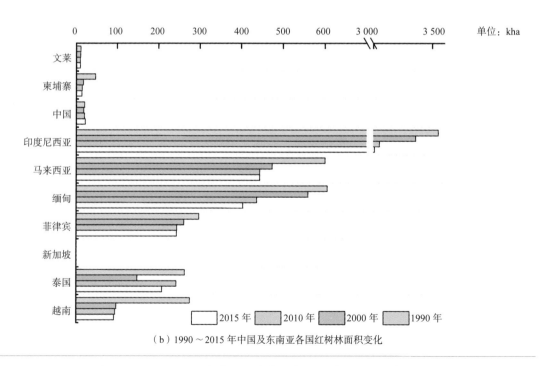

（b）1990～2015 年中国及东南亚各国红树林面积变化

图 3-8　1990～2015 年中国及东南亚各国红树林面积分布及变化

成果要点

- 1990～2015 年，东南亚红树林面积总体呈减少趋势，其中越南、菲律宾、泰国、缅甸、印度尼西亚、马来西亚和柬埔寨的红树林面积持续减少，新加坡红树林面积保持不变，中国红树林面积近年来略有增加。

- 中国近年来红树林面积呈增长趋势，反映了中国近年来实施退塘还林和退塘还湿等保护举措的成效。

展望

红树林湿地生态系统具有开放性、脆弱性和复杂性，它往往生长在经济高速发展的沿海地区，除自然因素的影响外，人类生产生活会直接或间接地影响红树林生长、分布、健康和生物多样性。红树林面积随时间的动态变化，反映了人类对红树林的侵占和利用、恢复与保护，并且与经济和社会的可持续发展及相关保护政策是否落实密切相关。在下一步的工作中，将重点关注技术方法和应用两个层面。

在技术方法层面，将进一步开展多源遥感数据监测红树林的研究，将高分辨率、高光谱、雷达遥感等数据应用于红树林监测，并利用深度学习等方法加强红树林的识别和提取，提高红树林信息提取的精度。

在应用层面，将进一步开展"海上丝绸之路"沿线红树林的监测，以期为该区域红树林资源的保护、恢复和合理利用提供信息支持。

红树林

中亚五国地表水变化监测

尺度级别：区域
研究区域：中亚

近几十年，在气候变化和人类活动的双重影响下，地表水在空间分布和时间变化两个方面都发生了重大变化。全球范围内很多地区因地表水的变化引发了严重的社会问题（用水冲突）和生态问题（生态系统退化）。监测分析地表水系统（湿地植被、河流和三角洲、湖泊、含水层和人工水体等）面积变化，保护和恢复这些涉水生态系统被纳入 SDGs，并且是 2020 年之前需要实现的目标。

本案例以 2000 ～ 2015 年全球地表水面变化数据集（global surface water dataset，GSW）为基础，以国产高分一号卫星遥感影像为数据源，发展了 2018 年中亚五国 16 m 地表水面数据集，为该区域涉水生态系统变化分析提供了数据支撑。

对应目标

6.6 到2020年，保护和恢复与水有关的生态系统，包括山地、森林、湿地、河流、地下含水层和湖泊

对应指标

6.6.1 与水有关的生态系统范围随时间的变化

方法

在中亚五国区域，以国产高分一号卫星遥感影像为数据源（图3-9），利用结合水面缓冲区边界和逐个水体确定分割阈值的水面信息提取方法，提取 2018 年地表水面数据集；在此基础上，结合 2000 ～ 2015 年欧洲联合研究中心（Joint Research Center，JRC）全球地表水数据集，分国别、分阶段统计分析地表水空间范围和时间过程变化。

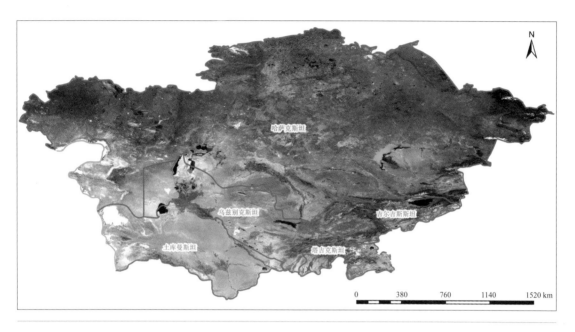

图 3-9　2018 年中亚五国 16 m 空间分辨率国产高分一号卫星遥感影像

所用数据

◎ 2016～2018 年高分一号、Landsat-8 卫星数据。

◎ 2000～2015 年 JRC GSW 全球地表水数据集。

结果与分析

中亚五国地表水主要分布在中部盆地区域，但大部分属于季节性水体。永久性水体总面积为 5.69 万 km²，其中，哈萨克斯坦为 3.68 万 km²，乌兹别克斯坦为 6974 km²，吉尔吉斯斯坦为 6607 km²，土库曼斯坦为 5189 km²，塔吉克斯坦为 1330 km²。图 3-10 显示了 2000～2018 年中亚五国地表水出现频率空间分布。

2000～2018 年，中亚五国地表水面积整体上均呈减少趋势。区域地表水总面积从 2000 年的 134 919 km² 减少到了 2018 年的 108 004 km²，减少率为 19.9%。其中，哈萨克斯坦、吉尔吉斯斯坦和塔吉克斯坦地表水面面积先增加（2000～2005 年）后减少（2005～2015 年），2015～2018 年再次增加。土库曼斯坦地表水面积先增加（2000～2005 年）后减少（2005～2018 年）。乌兹别克斯坦地表水面积持续减少（图 3-11）。哈萨克斯坦和乌兹别克斯坦地表水面面积的变化主要受区域内咸海萎缩的影响。

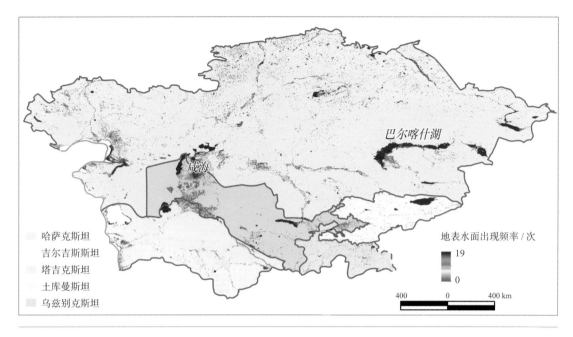

图 3-10　2000～2018 年中亚五国地表水面出现频率空间分布

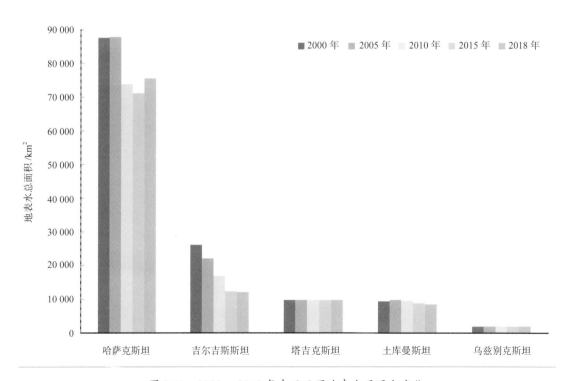

图 3-11　2000～2018 年中亚五国地表水面面积变化

成果要点

- 中亚五国地表水主要分布在中部盆地区域，但大部分属于季节性水体。2000～2018 年，中亚五国地表水面面积整体上均呈减少趋势。

- 中国高分辨率系列卫星遥感影像可为中亚地区开展地表水动态变化监测提供理想数据源。

展望

进一步的工作分以下两个方面。

2020 年之前，以 Landsat-8 和 Sentinel-2 为数据源，完成 2016～2018 年全球地表水面年变化数据集，并结合 2000～2015 年 JRC GSW 数据集，分析各个国家每五年一次的地表水动态变化，形成全球 SDG 6.6.1 目标实现分析研究报告。

在"一带一路"沿线区域，选择若干地表水空间变化显著的国家和地区，开展地表水动态变化与区域经济社会发展和气候变化相关性分析，并联合所在国家相关管理和研究机构，共同研究和探索保护和修复重要地表水域生态系统的策略。

本章小结

快速准确地开展 SDG 6 指标监测是实现为所有人提供水和卫生设施并对其进行可持续管理这一宏伟蓝图的重要基础工作。目前，SDG 6 包含的 11 个具体指标均有明确的计算方法，参考现有计算方法，通过综合多源数据，实现满足指标监测与评估的时空过程连续数据是当前及今后工作的重点。

地球大数据在时空分辨率、可获取性、准确性等方面具有传统统计数据无法比拟的优势。以卫星遥感和移动互联网数据为代表的地球大数据方法的引入全面提升了 SDG 6 各评价指标数据的空间精度、采样密度和频率，提高了评价结果的时间分辨率和准确性。

本报告中选用的 SDG 6 案例，证明了地球大数据技术方法对提升 SDGs 指标监测水平具有重要的推进作用，但同时也暴露了时空连续数据获取、多源异构数据匹配和独立监测评估结果与政府管理部门实际需求有效衔接等方面的问题。鉴于此，未来宜重点在以下几方面继续深入开展工作。

（1）加强数据的收集和处理，发展通用性分析法、标准化流程和模块，实现网络大数据、遥感数据与统计调查数据无缝衔接和简化应用，以及各指标监测评估工作的连续性和可持续性。

（2）推动与国际组织、国家及社会组织之间的深入合作，将技术方法和流程体系落地应用，切实服务和推动全球特别是"一带一路"沿线国家和地区 SDG 6 可持续发展目标的实现。

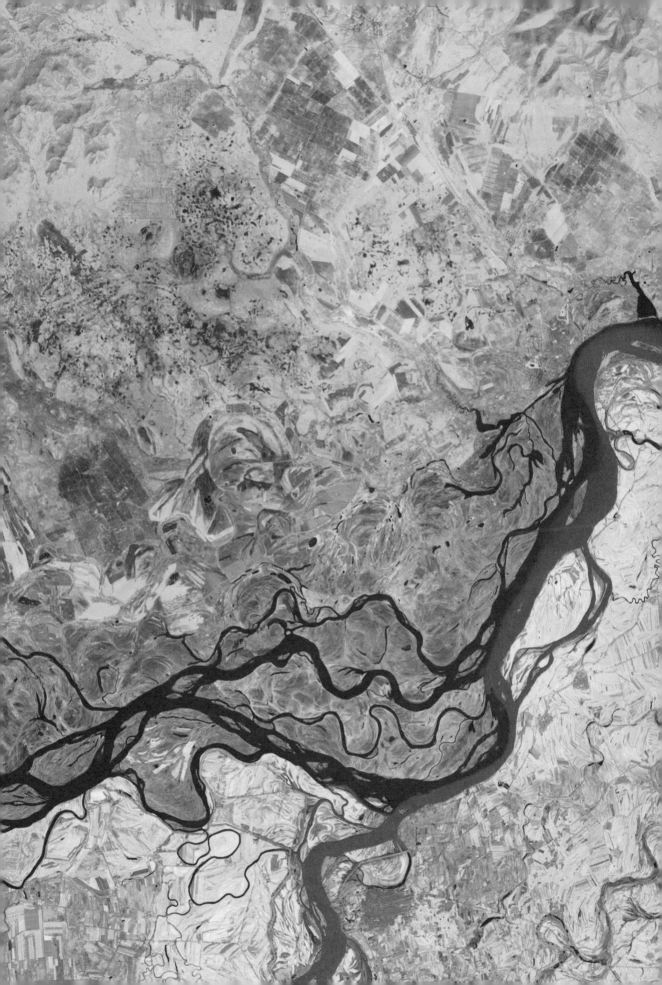

第四章

SDG 11 可持续城市和社区

背景介绍

　　SDGs 的实现需要得到社会、经济、环境三方面的支持，其中城市化起着关键作用。据联合国统计，全球城市人口比例从 1950 年低于 30% 增至 2018 年的 55%，预计到 2050 年将增加到 68%。2016 年，有超过 10 亿人生活在贫民窟或非正规住区，其中一半以上（5.89 亿人）生活在东亚、东南亚、中亚和南亚。超过 75% 的全球各国 GDP 总和，60% ~ 80% 的能源消耗和 75% 的碳排放是由城市产生。快速的城市化带来了巨大的挑战，包括住房短缺导致贫民窟居民人数不断增加、交通拥堵、空气污染和污水增加、淡水供应不足、废物处理问题、基本服务和基础设施不足等。在全球城镇化背景下无计划的城市扩张使城市特别容易受到气候变化和自然灾害的影响。

　　为此，《变革我们的世界：2030 年可持续发展议程》专门设立了可持续城市和社区的目标，提出 SDG 11——建设包容、安全、有抵御灾害能力和可持续的城市和人类住区，包括 7 个技术类子目标和 3 个合作类子目标，以及 15 个指标。城市是 SDGs 中最具挑战性和最具启发性的领域之一。国内外研究表明，地球大数据技术方法在及时提供更新的地表空间信息方面具有巨大的潜力和经济效益，尤其是对地观测技术在时空分辨率、可获取性、准确性等方面具有传统方法所无法比拟的优势。本案例旨在利用地球大数据方法，聚焦 SDG 11 中的城市公共交通、城镇化、文化和自然遗产、PM2.5、城市公共空间等 5 个指标（表 4-1），为联合国 SDG 11 指标的监测与评估提供支撑。

表 4-1　重点聚焦的 SDG 11 指标

具体目标	评价指标	分类状态
11.2 到 2030 年，向所有人提供安全、负担得起的、易于利用、可持续的交通运输系统，改善道路安全，特别是扩大公共交通，要特别关注处境脆弱者、妇女、儿童、残疾人和老年人的需要	11.2.1 可便利使用公共交通的人口比例，按年龄、性别和残疾人分列	Tier II
11.3 到 2030 年，在所有国家加强包容和可持续的城市建设，加强参与性、综合性、可持续的人类住区规划和管理能力	11.3.1 土地消耗率与人口增长率之间的比率	Tier II
11.4 进一步努力保护和捍卫世界文化和自然遗产	11.4.1 保存、保护和养护所有文化和自然遗产的人均支出总额（公共和私人），按遗产类型（文化、自然、混合、世界遗产中心指定）、政府级别（国家、区域和地方 / 市）、支出类型（业务支出 / 投资）和私人供资类型（实物捐赠、私人非营利部门、赞助）分列	Tier III

续表

具体目标	评价指标	分类状态
11.6 到 2030 年，减少城市的人均负面环境影响，包括特别关注空气质量，以及城市废物管理等	11.6.2 城市细颗粒物（例如 PM2.5）年度均值（按人口权重计算）	Tier Ⅰ
11.7 到 2030 年，向所有人，特别是妇女、儿童、老年人和残疾人，普遍提供安全、包容、便利、绿色的公共空间	11.7.1 城市建设区中供所有人使用的开放公共空间的平均比例，按性别、年龄和残疾人分列	Tier Ⅱ

主要贡献

为应对城市面临的基本公共服务缺乏、交通拥堵、住房短缺、基础设施不足和空气污染增加等诸多严峻挑战，充分发挥地球大数据的特点和技术优势，为中国及全球提供 SDG 11 监测及评估经验。本报告主要围绕 5 个指标（表 4-1），在全球—区域—中国等不同尺度上开展 SDG 11 指标监测与评估，为全球贡献中国在 SDG 11 指标监测中的数据产品、方法模型、决策支持三个方面的成果（表 4-2）。

表 4-2 案例名称及其主要贡献

指标	案例	贡献	
11.2.1 可便利使用公共交通的人口比例，按年龄、性别和残疾人分列	中国可便利使用公共交通的人口比例	数据产品：	中国区域公共交通信息数据
		方法模型：	提出一种简便的指标核算方法，能为其他国家开展本指标评价及结果的国际对比提供经验借鉴
		决策支持：	为开展中国尺度城市可持续发展综合评价提供数据支撑
11.3.1 土地消耗率与人口增长率之间的比率	"一带一路"沿线区域城镇化监测与评估	数据产品：	2015 年（SDGs 基准年）全球 10m 分辨率高精度城市不透水面空间分布信息；"一带一路"沿线区域 1500 个人口超过 30 万城市 1990 年、1995 年、2000 年、2005 年、2010 年和 2015 年城市扩张遥感数据集
		方法模型：	提出利用多源多时相升降轨合成孔径雷达（SAR）和光学数据结合其纹理特征和物候特征的全球不透水面快速提取方法；开展了 SDG 11 的中国本地化实践评价方法
		决策支持：	为"一带一路"沿线区域城市可持续发展提供决策支持；为开展中国尺度城市可持续发展综合评价提供数据支撑

续表

指标	案例	贡献
11.4.1 保存、保护和养护所有文化和自然遗产的人均支出总额（公共和私人），按遗产类型（文化、自然、混合、世界遗产中心指定）、政府级别（国家、区域和地方 / 市）、支出类型（业务支出 / 投资）和私人供资类型（实物捐赠、私人非营利部门、赞助）分列	SDG 11.4 内涵解析和指标量化	数据产品：中国 244 个保护区分东、中、西部单列人均支出统计图表以及单位面积支出统计图表；黄山世界遗产地遥感生态指数（RSEI）25 年时间序列数据集。 方法模型：提出"加大单位面积资金投入，保护和捍卫世界文化和自然遗产"
11.6.2 城市细颗粒物（例如 PM2.5）年度均值（按人口权重计算）	中国城市细颗粒物（PM2.5）监测与分析	数据产品：中国 2010 ～ 2018 年 PM2.5 年平均产品
11.7.1 城市建设区中供所有人使用的开放公共空间的平均比例，按性别、年龄和残疾人分列	中国城市开放公共空间面积比例	数据产品：中国城市建成区公共空间面积指标评价数据集 方法模型：提出一种简便的指标核算方法，能为其他国家开展本指标评价及结果的国际对比提供经验借鉴 决策支持：为开展中国尺度城市可持续发展综合评价提供数据支撑

案例分析

中国可便利使用公共交通的人口比例

尺度级别：国家
研究区域：中国

城市公共交通是城市交通不可缺少的一部分，是保证城市生产、生活正常运转的动脉，是提高城市综合功能的重要基础设施之一，它对城市各产业的发展、经济和文化事业的繁荣、城乡间的联系等起着重要的纽带和促进作用。良好的城市公共交通系统是许多城市经济增长和城市生活质量的保障，也是实现大多数 SDGs，特别是与教育、粮食安全、卫生、能源、基础设施和环境有关的目标的关键因素。传统的分析手段难以对复杂的公共交通空间网络进行获取和量化分析，需要借助地球大数据方法进行处理。

对应目标

11.2 到2030年，向所有人提供安全、负担得起的、易于利用、可持续的交通运输系统，改善道路安全，特别是扩大公共交通，要特别关注处境脆弱者、妇女、儿童、残疾人和老年人的需要

对应指标

11.2.1 可便利使用公共交通的人口比例，按年龄、性别和残疾人分列

方法

基于中国公共交通网络矢量图，提取具有空间属性的公共交通站点（公交、地铁）数据，创建站点 500 m 缓冲区范围，叠加基于遥感数据和网络数据生成的高时空分辨率人口数据，计算公里网格内缓冲区覆盖的人口比例，最后根据城市建成区空间数据，测算得到城市建成区范围内的可便利使用公共交通的人口比例。

所用数据

◎ 2015 年中国公共交通网络矢量图。

◎ 全国 100 m 分辨率的土地利用数据产品。

◎ 全国公里网格人口分布图。

 结果与分析

　　结合中国地级城市公共交通站点数据和公里网格人口数据，分析中国地级市（不包含台湾省）建成区公共交通站点 500 m 范围内的人口覆盖比例。总体上，中国省级尺度可便利使用公共交通的人口比例平均为 64.28%，东部地区普遍高于中西部地区，南方普遍高于北方。其中，澳门、上海、香港达到 100%，即距公共交通站点 500 m 覆盖了建成区全部人口；北京、天津、浙江、福建、四川、江苏、广东、重庆、辽宁、广西、湖南、安徽、陕西、青海、江西、贵州等省（自治区、直辖市）高于全国平均水平；低于全国平均水平的 14 个省（自治区、直辖市）中，既有东部地区的山东、河北、海南，也有中部地区的湖北、山西、吉林、黑龙江、河南和西部地区的宁夏、云南、甘肃、西藏、新疆、内蒙古（图 4-1）。

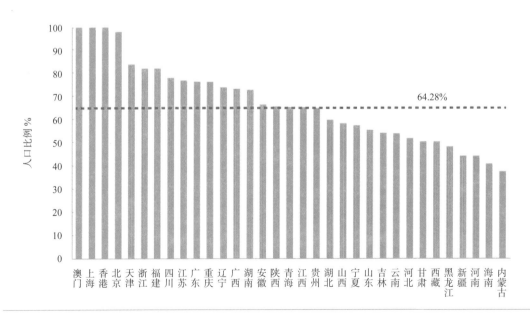

图 4-1　全国各省（自治区、直辖市、特别行政区）可便利使用公共交通的人口比例
注：台湾省数据缺失

　　从地级市尺度来看，人口密集的城市可便利使用公共交通的人口比例要普遍高于人口稀少的城市（图4-2）。省会（首府、政府所在地）城市可便利使用公共交通的人口比例普遍高于其他非省会（首府、政府所在地）城市。在西北部的一些城市，由于城市人口分布相对集中或人口主要沿城市道路分布，其可便利使用公共交通的人口比例较高。

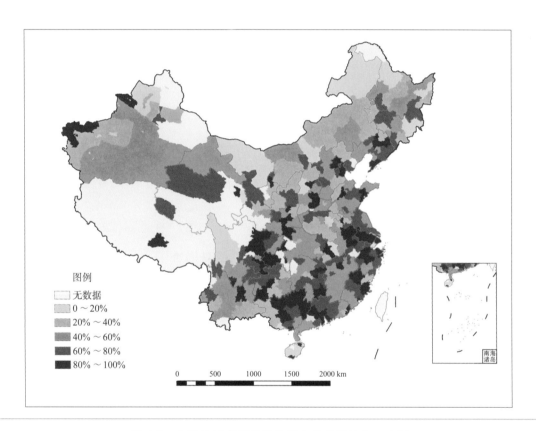

图 4-2　全国地级市可便利使用公共交通的人口比例

成果要点

- 中国省级尺度可便利使用公共交通的人口比例平均为 64.28%，东部地区普遍高于中西部地区，南方普遍高于北方。

- 从地级市尺度来看，人口密集的城市可便利使用公共交通的人口比例要普遍高于人口稀少的城市。省会（首府、政府所在地）城市可便利使用公共交通的人口比例普遍高于非省会（首府、政府所在地）城市。

展望

该指标采用的计算方法较为简便，同时导航数据和土地利用数据较易获得，能为其他国家开展本指标评价及结果的国际对比提供经验借鉴。

公交网络矢量数据可依据需要动态更新，土地利用数据产品每 3～5 年更新一次，基本能够满足未来高时空分辨率的评价。

该指标评价所使用的人口数据，目前还无法实现按年龄、性别和残疾人的分类分析。下一步计划通过手机、互联网等大数据开展不同人群人口空间数据的研发，以更好地为该指标的监测和评价提供支持。

"一带一路"沿线区域城镇化监测与评估

尺度级别：区域
研究区域："一带一路"沿线区域

　　城市化最显著的特征包括城市空间扩张和人口增长，即土地城市化和人口城市化。伴随着快速的城市化进程，城市扩张占用了周边大量的耕地等土地资源，对社会、经济、环境产生了深远影响。另外，城市的物理增长常常与人口增长不成比例，导致土地利用在许多形式上效率较低。因此，有效监测城市化进程，不仅需要掌握现有城市空间扩张强度，还需要监测人口的增长速率。快速、有效地获取城市土地消耗与人口增长之间的关系，对理解和协调人地关系具有重要意义。指标 SDG 11.3.1 定义为土地消耗率（land consumption rate，LCR）与人口增长率（population growth rate，PGR）之比，用于描述城市扩张与人口增长之间的关系。对于该指标，本案例聚集于：① 基于地球大数据开展高分辨率高精度全球城市不透水面制图，为该指标的监测与评估提供数据支撑；② 以中国（不包含港澳台地区）340 个地级市[①]为研究对象，定量描述土地消耗率与人口增长率之间的关系，在国家尺度上评估中国城市可持续发展；③ 开展"一带一路"沿线区域约 1500 个城市（人口超过 30 万）1990 ~ 2015 年每五年 SDG 11.3.1 指标监测与评估。本报告在为联合国 SDGs 城市区域可持续发展提供空间数据与决策支持方面具有重要的意义。

> **对应目标**
>
> **11.3** 到2030年，在所有国家加强包容和可持续的城市建设，加强参与性、综合性、可持续的人类住区规划和管理能力

> **对应指标**
>
> **11.3.1 土地消耗率与人口增长率之间的比率**

方法

　　依照 SDG 11.3.1 的评价方法，计算城市土地消耗率与人口增长率之间的比值。

1. 土地消耗率

$$LCR = \frac{\ln(Urb_{t+n}/Urb_t)}{y}$$

[①]此处使用的为 2013 年全国行政边界数据。

其中，Urb_t 代表城市过去城市建成区的面积，作为初始值，单位为 km^2；Urb_{t+n} 代表城市现在城市建成区的总面积，作为最终值，单位为 km^2；y 代表两个时期之间的年份。

在城市扩张研究中，科学家们发现从遥感影像中提取的城市不透水面能够非常准确地反映城市地表信息和城市土地利用强度。本案例利用多时相 Landsat-5 TM 和 Landsat-7 ETM+ 大气纠正后的地表反射率影像进行 1990～2010 年的城市不透水面提取。对于 2015 年的产品，本研究研发利用多源多时相升降轨 Sentinel-1A/2A 数据结合其纹理特征和物候特征的全球不透水层自动化精细提取技术，依托大数据云处理平台将其应用到2015年（SDGs 基准年）全球 10m 分辨率高精度城市不透水面空间分布信息提取中。

2. 人口增长率（PGR）

$$PGR = \frac{\ln(Pop_{t+n}/Pop_t)}{y}$$

Pop_t 代表城市过去总人口的数量，作为初始值；Pop_{t+n} 代表城市现在总人口的数量，作为最终值；y 代表两个时期之间的年份。

对于中国区域采用人口数据空间化方法：首先，通过土地利用数据和 DMSP/OLS 夜间灯光数据构建与人口相关的 9 个自变量；其次，采用地理加权回归（geographically weighted regression，GWR）构建人口空间化模型；最后，获得 1 km × 1 km 空间分辨率的网格化人口。对于"一带一路"沿线区域采用联合国发布的全球 1860 个城市（人口超过 30 万）人口数据。

3. 土地消耗率和人口增长率的比值（LCRPGR）

LCRPGR = 土地消耗率 / 人口增长率

所用数据

◎ 2015 年 1 月 1 日～2016 年 6 月 30 日获取的升降轨 Sentinel-1 SAR（15 万景）和 Sentinel-2A 光学影像（34 万景）；1990～2010 年 Landsat 数据；1992 年、2000 年和 2010 年 DMSP/OLS 夜间灯光数据；SRTM 和 ASTER 数字高程模型（DEM）数据。

◎ 1990 年、2000 年和 2010 年 30 m 土地利用数据。

◎ 第四、第五和第六次中国人口普查数据（县级）和联合国城市人口数据。

结果与分析

1. 高分辨率全球城市不透水面制图

全球 10 m 分辨率城市不透水面分布如图 4-3 所示。与全球居民点图层（GHSL，38 m 分辨率，2014 年）、全球 30 m 地表覆盖数据产品（GlobeLand 30，30 m 分辨率，2010 年）、

图 4-3　2015 年全球 10m 分辨率城市不透水面分布图

美国土地覆盖数据集（NLCD，30 m 分辨率，2010）以及欧洲地表覆盖数据（CLC，20 m 分辨率，2012）产品进行对比分析，我们的产品相关系数 R^2>0.8，总体精度 OA>86%，用户精度 UA>82%，产品精度 PA>90%。结果证明基于 SAR 和光学影像融合在全球尺度提取城市不透水面技术方法中有效性。本研究：① 有效改善单时相单一数据源不透水面提取中的误差，并进一步提升其提取精度；② 采用大数据处理技术与方法，利用不同传感器（SAR 和光学）和不同成像模式（SAR 升降轨）数据，真正体现大数据理念，所用数据量为 Sentinel-1 共 15 万景和 Sentinel-2A 共 34 万景；③ 首次实现全自动化的城市不透水面精细快速提取。

2. 中国城市扩张与人口迁移分析

为了监测 SDG 11.3.1 在中国的进展状况，本研究计算了 1990～2000 年和 2000～2010 年中国（不含港澳台地区）340 个地级市的 LCR、PGR 和 LCRPGR。图 4-4 显示了该指标在地级市尺度空间分布。结果显示中国该指标变化从 1990～2000 年的 1.41 增加到

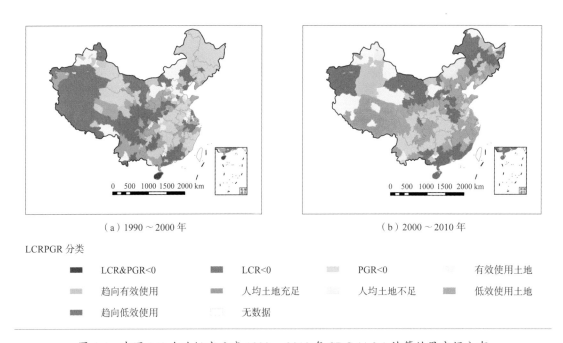

（a）1990～2000 年   （b）2000～2010 年

LCRPGR 分类

■ LCR&PGR<0   ■ LCR<0   ░ PGR<0   ░ 有效使用土地

▒ 趋向有效使用   ▒ 人均土地充足   ░ 人均土地不足   ▒ 低效使用土地

▒ 趋向低效使用   □ 无数据

图 4-4　中国 340 个地级市尺度 1990～2010 年 SDG 11.3.1 计算结果空间分布

2000～2010 年的 1.94。因此，相对 1990～2000 年，2000～2010 年建成区的增长速度较人口增速更快。此外，LCRPGR 较高的城市（LCRPGR>3），在 1990～2000 年共有 19 个，在 2000～2010 年增加到 47 个，这些城市需要有效控制城市空间范围扩张。

　　3. "一带一路"沿线区域城市扩张监测与人口迁移

　　在我们的研究中，国家城市样本方法用于衡量、监测和报告 SDG 11.3.1 指标。案例结合联合国人口数据以及中国的人口普查数据开展"一带一路"沿线区域 1500 个人口超过 30 万的城市 1990 年、1995 年、2000 年、2005 年、2010 年和 2015 年城市扩张遥感监测与 SDG 11.3.1 指标核算，然后根据单个城市的指标计算结果核算"一带一路"沿线区域指标。图 4-5 表示了"一带一路"沿线区域国家/地区 SDG 11.3.1 指标 LCRPGR 结果。

　　通过对计算结果分析发现：1990～2005 年，欧洲大部分国家的城市出现人口负增长现象，LCRPGR 值为负值；2005 年以后，欧洲国家出现人口增长停滞现象，LCRPGR 值过大。1995～2010 年，非洲国家人口增长迅速，城市土地消耗速率远小于城市人口增长速率，造成 LCRPGR 值小于 1；2010 年以后，非洲城市发展迅速，城市人口增长速率和土地消耗速率相对平衡。在亚洲，1995～2015 年，东南亚和南亚国家大部分城市人口增长速率和土地消耗速率维持在一个较为稳定的状态，LCRPGR 值比较平均；2000～2010 年，西亚和中亚部分城市人口增长迅速，LCRPGR 值偏小；1995～2000 年，东亚人口增长迅速，城市人口增长速率大于土地消耗速率，LCRPGR 值小于 1，2010～2015 年，东亚城市人口增长速率增长放缓，城市土地消耗速率远大于城市人口增长速率，LCRPGR 值大于 2，说明土地城市化远远大于人口城市化。

　　综上，从"一带一路"沿线区域发展中国家 SDG 11.3.1 指标监测来看，该地区发展中国家该指标变化从 1990～1995 年的 1.24 增加到 2010～2015 年的 2.67，表明这些发展中国家土地城镇化和人口城镇化协调发展面临重大挑战；而对于出现人口负增长或停滞现象的国家和地区，该指标的值为负值或者很大，说明该指标并不能很好地反映出这些国家和地区的土地城镇化和人口城镇化直接的关系。

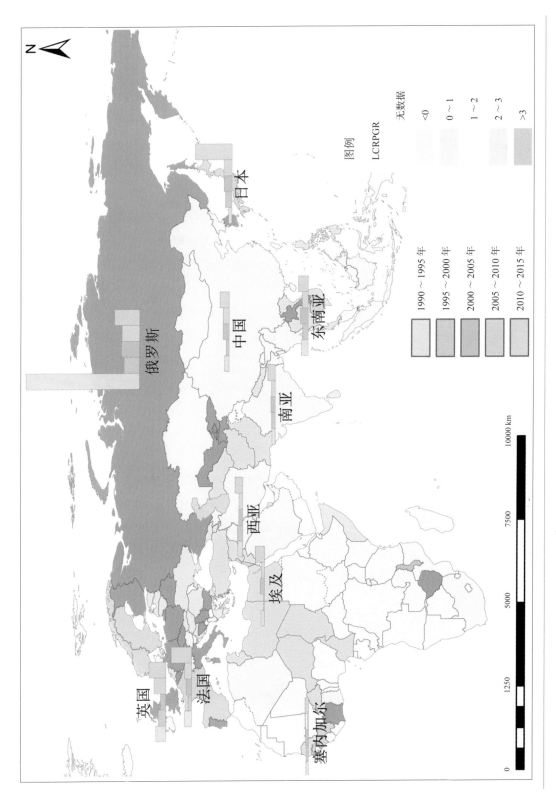

图 4-5 "一带一路"沿线区域国家/地区 SDG 11.3.1 指标 LCRPGR 结果图

成果要点

- 中国自主生产的全球 10 m 分辨率城市不透水面遥感产品总体精度优于 86%，可以为 SDGs 提供空间数据支撑，从而解决数据缺失问题。

- 从监测 SDG 11.3.1 在中国的进展状况来看，相对 1990～2000 年，2000～2010 年建成区的增长速度较人口增速更快；LCRPGR 值较高的城市（LCRPGR＞3），1990～2000 年共有 19 个，2000～2010 年增加到 47 个，这些城市需要有效控制城市空间范围扩张。

- 从"一带一路"沿线区域发展中国家 SDG 11.3.1 指标监测来看，该地区发展中国家该指标变化从 1990～1995 年的 1.24 增加到 2010～2015 年的 2.67，表明这些发展中国家土地城镇化和人口城镇化协调发展面临重大挑战。

展望

利用实时更新的全球不透水面遥感产品，结合联合国城市人口数据、中国人口统计和年鉴数据等人文、社会资料，对全球 1800 多个城市（人口大于 30 万）开展 SDG 11.3.1 "土地消耗率与人口增长率之间的比率"指标监测与度量。另外，结合这些城市的经济和环境数据，实现基于地球大数据技术的城市可持续发展在社会、经济和环境三个层次的时空格局全面监测。

SDG 11 与其他至少 11 个 SDGs 存在直接关系，全部 SDGs 的 230 余个指标中约有 1/3 的指标可以在城市层面进行衡量，使城市成为测量、监测和跟踪可持续发展进展的重要单元。未来，将围绕重点城市开展 SDG 11 与其他 SDGs 目标交叉与综合评估研究。

基于地球大数据及其处理技术，本研究将实时发布和更新（例如每 3 年）高分辨率高精度全球城市遥感产品；发布和更新的全球城市不透水面遥感产品可以帮助那些没有技术和财政资源支撑的发展中国家来监测它们的城市发展，并描述这些城市的土地使用率和人口增长率之间的关系。

存在的问题主要包括：① 尺度效应问题，即 1990～2010 年城市产品和 2015 年产品分辨率存在差异，导致 2010～2015 年 SDG 11.3.1 指标核算有些高估；② 城市不透水面范围与人口数据之间的空间耦合关联问题导致 SDG 11.3.1 指标核算精度存在不确定性。

SDG 11.4 内涵解析和指标量化

尺度级别：国家
研究区域：中国

联合国针对 SDG 11.4 提出"进一步努力保护和捍卫世界文化和自然遗产"，并给出"人均支出总额（公共和私人）"来衡量投入大小的指标。但是，世界遗产存在于不同国家和地区，在不同文化背景和不同的发展水平下，如何评价"进一步努力保护和捍卫世界文化和自然遗产"成为难点。实际上，一国的人均支出总额的大小，至少与下列因素有关：① 该国的所有文化和自然遗产的数量及其面积总量；② 该国对每个文化和自然遗产的投入的经费量；③ 该国的人口数量。通过对评价目标体系的深入解读、可靠的数据较便利的获取和符合实际的测度制定，本案例提出，资金投入，特别是针对自然遗产以及混合遗产的资金投入可以依据单位面积投入这个指标来衡量，即：单位面积投入费用 = 总费用 / 保护区面积（km^2 或者 hm^2）。通过比较发现，"单位面积资金投入"比"人均支出总额（公共和私人）"更加合理。因此，建议将联合国可持续发展的 SDG 11.4 给出的指标修改为 11.4.1"加大单位面积资金投入，保护和捍卫世界文化和自然遗产"。

对应目标

11.4 进一步努力保护和捍卫世界文化和自然遗产

对应指标

11.4.1 保存、保护和养护所有文化和自然遗产的人均支出总额（公共和私人），按遗产类型（文化、自然、混合、世界遗产中心指定）、政府级别（国家、区域和地方/市）、支出类型（业务支出/投资）和私人供资类型（实物捐赠、私人非营利部门、赞助）分列

 方法

（1）单位面积资金投入的计算。从保护区单位面积资金的投入来反映某个国家总体或者单个世界遗产地的保护力度。计算公式为

$$TEPUA = \frac{\sum PuE + \sum PrE}{A}$$

其中，TEPUA 代表保存、保护和养护所有文化和自然遗产的单位面积支出总额（total

expenditure per unit area，TEPUA）；PuE 为各级政府部门在文化和自然遗产的保存、保护和养护上的支出费用（public expenditure，PuE）；PrE 为各类用于文化和自然遗产保存、保护和养护上的私人支出费用（private expenditure，PrE）；A 为保护地总面积（area，A）。

（2）遥感生态指数（remote sensing ecological index，RSEI）的计算。以遥感生态指数来衡量生态环境的变化。

RSEI 计算方法为

RSEI=1–PCA[f（NDVI，WET，NDSI，LST）]

式中，PCA 为主成分分析，NDVI、WET、NDSI、LST 分别代表绿度、湿度、干度、热度。

（3）样本选择方法。由于中国国家级风景名胜区有比较完善的管理制度体系，且中国世界遗产和国家级风景名胜区之间存在着共通之处，目前自然遗产管理的组织模式就是在原有的风景区管理模式基础上演变而来的。因此，本案例在梳理现有自然遗产地可持续发展评价指标的基础上，利用 244 个中国国家级风景名胜区 2006 ～ 2017 年共 12 年的收支统计数据和风景区面积数据，借助于 GIS 分析技术方法，对资金投入情况进行量化测算和分析总结，旨在从具有一定数量的案例中讨论加大资金投入指标的可测度性和可操作性。

（4）资金投入与生态环境状态的关系分析。以黄山典型案例地为示范，比较 TEPUA 投入曲线与 RSEI 曲线，分析资金投入与生态环境的关系。

所用数据

◎ 2006 ～ 2017 年 244 个中国国家级风景名胜区收支统计数据、风景区面积及游客客量数据。

◎ 244 个国家级风景名胜区及中国世界遗产地边界的矢量数据。

◎ 1992 ～ 2017 年黄山保护区资金收支数据。

◎ 1992 ～ 2017 年黄山地区 Landsat 系列卫星影像数据、部分高分辨率遥感数据、地面调查数据。

结果与分析

以中国 244 个国家级风景名胜区相关数据为样本，并将中国划分为东部、中部、西部三个区域，分别统计计算各区的人均保护资金投入、单位面积保护资金投入，并进行比较（图 4-6、图 4-7）。

根据图 4-7，中国的平均单位面积资金投入在逐年加大，从 2006 年的 25 万元 /km² 增加到 2017 年的 65 万元 /km²，东部、中部的投入要高于西部。根据图 4-6，西部的人均支出在 2012 年后显著高于东部。与图 4-7 的结论不同，虽然东部的资金投入量实际上要远高于西部，但是由于西部人口数量远低于东部，所以图 4-6 呈现西部人均保护资金投入比东部高。

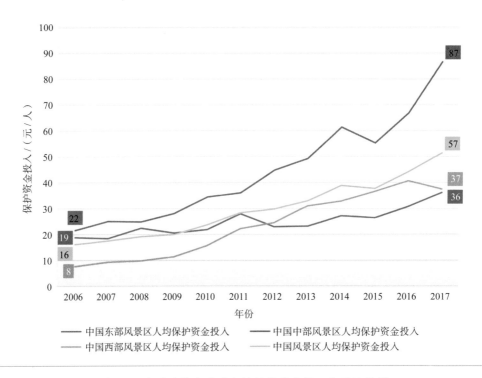

图 4-6　中国风景名胜区人均保护资金投入分区统计图

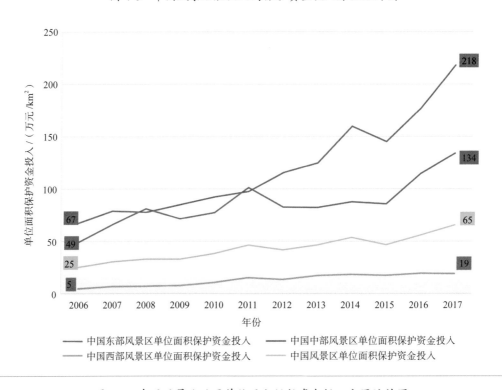

图 4-7　中国风景名胜区单位面积保护资金投入分区统计图

因此，衡量保护资金投入，用"单位面积保护资金投入总额（公共和私人）"比"人均保护资金投入总额（公共和私人）"更加合理。

以黄山为例，展示关于 11.4"进一步努力保护和捍卫世界文化和自然遗产"的指标体系和评价方法。黄山是中国较早（1990 年）列入世界遗产名录的遗产地之一，目前，拥有世界双重遗产地、世界地质公园、世界生物圈保护地"三项桂冠"。用该遗产地的保护与资金投入分析具有典型性。

图 4-8 反映了 25 年来黄山风景区资源保护资金投入与生态环境状况变化。从图 4-8 中可见，两者趋势基本一致。在大趋势上，随着资源保护资金投入的增加，保护区的生态环境状况在变好。黄山 1990 ~ 2017 年保护区不同项目支出，资源保护投入占比 23%，较有力地起到了保护遗产地生态环境的作用。图 4-9 为黄山风景区遥感生态指数图（1992 ~ 2017 年）。

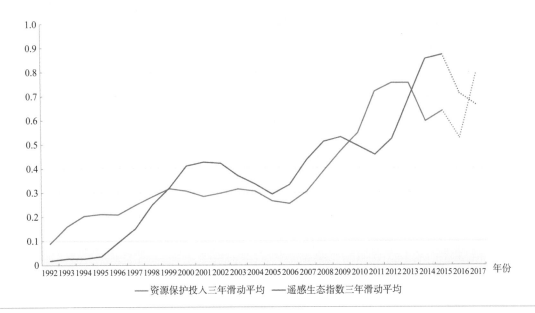

图 4-8　黄山风景区保护资金投入与遥感生态指数变化图
注：虚线所连点为实际数值，未参与滑动平均

成果要点

- 相较于"人均保护资金投入"，保护区"单位面积保护资金投入"更能科学合理地反映区域世界遗产的可持续发展状况。

- 以黄山风景区为例，证明保护资金投入可以促进生态环境状况变好，进一步说明加大资金投入对保护区可持续发展的重要性。

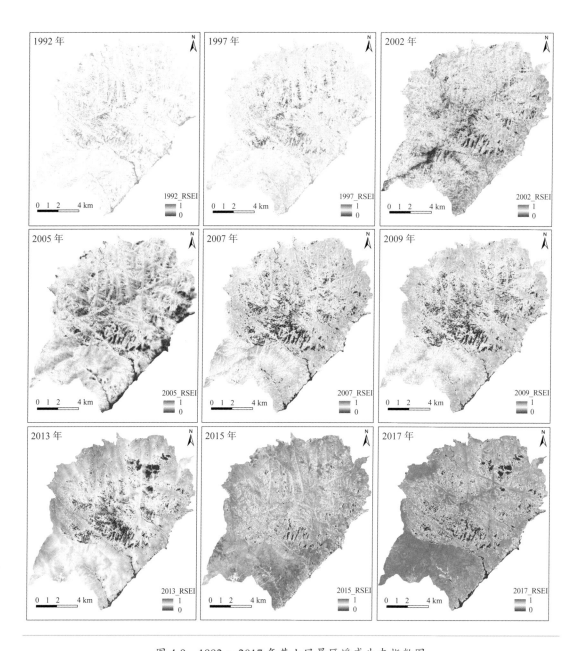

图 4-9　1992～2017 年黄山风景区遥感生态指数图

展望

　　全球急需一个指导性的保护区单位面积资金投入评分标准（可以 0～5 级）来度量保护资金投入的力度。虽然"单位面积保护资金投入总额"相较于"人均保护资金投入总额"能更科学合理地反映加大投入对世界遗产保护的力度，但是，对于"单位面积保护资金投入总额"的衡量，不同国家、地区乃至不同遗产地，可能所需要的投入资金都有差别。从世界遗产地"干扰最小化原则"出发，亟须从全世界角度考虑，并结合不同国家、地区以及遗产地类型能出台一个指导性的保护区单位面积资金投入评分标准（可以 0～5 级）来度量加大努力在资金投入方面的力度。

　　需要有直接的、通用的指标来衡量资金投入在遗产地保护的效果。本案例以中国黄山世界遗产地为例，用遥感生态指数能够说明资源保护资金投入的加大，可以促进黄山风景区生态环境状况变好。但是，这仅仅是一个案例，未来需要全球若干案例的综合研究，才能进一步判定用遥感生态指数来衡量资金投入与生态环境保护的定量关系。这也需要国际合作，特别在统计数据方面建立共享机制方可完成。

中国城市细颗粒物（PM2.5）监测与分析

尺度级别：国家
研究区域：中国

细颗粒物（PM2.5，大气动力学直径小于 2.5μm）已成为中国大气污染的首要污染物，严重影响人民的生活和健康。自 2012 年起，随着国家环保相关部门的重视力度加大，地基监测站点逐年增加。但由于监测站点分布不均匀导致部分地区无有效监测数据，空间连续性存在不足；同时，由于长期缺乏细颗粒监测控制网，历史数据难以获取，阻碍了细颗粒物在流行病学和健康效应方面的研究。卫星遥感技术具有时间序列长、空间覆盖广等优势，可以有效地弥补站点观测的不足，已被科学家大量用于估算区域 PM2.5 浓度，可以较好地反映细颗粒在空间上的连续变化。

对应目标

11.6 到2030年，减少城市的人均负面环境影响，包括特别关注空气质量，以及城市废物管理等

对应指标

11.6.2 城市细颗粒物（例如PM2.5）年度均值（按人口权重计算）

方法

利用卫星反演的气溶胶光学厚度（aerosol optical depth，AOD）估算近地面颗粒物的方法较多，不同的方法各有优势，可用于估算历史 PM2.5 的时空分布特征，对评价公共健康具有重要的应用价值。为分析近几年中国地区重点城市 PM2.5 变化，本案例根据人口权重计算出重点城市建成区 2010 ~ 2018 年 PM2.5 年均浓度，计算方法如下：

$$C_{agg}=SUM（C_{city} \times P_{city}）/SUM（P_{city}）$$

其中，C_{agg} 表示区域估计；C_{city} 表示城市估计；P_{city} 表示城市人口。

所用数据

◎ 遥感数据及相关产品包括基于 MODIS 气溶胶光学厚度（AOD）产品、MODIS 时间序列植被指数数据。

◎ 监测数据包括中国环境监测站 PM2.5 监测数据。

◎ 气象数据包括欧洲中期天气预报中心再分析资料。

结果与分析

　　基于美国国家航空航天局（NASA）Terra 及 Aura 卫星 MODIS 载荷的 AOD 全球二级产品，估算中国 2010～2018 年各年平均的 PM2.5 浓度，如图 4-10 所示。从全国尺度来看，PM2.5 的空间分布与人口或工业产业的聚集程度呈明显正相关，高值多集中在中东部城市化与工业化发达的地市或城市群。从时间变化来看，2013～2018 年全国平均的 PM2.5 含量逐年下降，其中京津冀、成渝、长三角和珠三角等城市群下降趋势更为明显，体现出我国近几年来大气污染综合防治的显著成效。

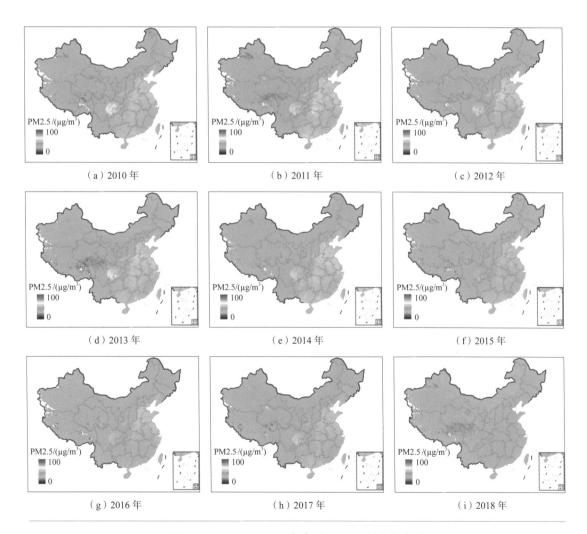

图 4-10　2010～2018 年中国 PM2.5 年均分布图

成果要点

- 提供中国 2010 ～ 2018 年度平均 PM2.5 数据产品。

- 从全国尺度来看，京津冀地区、长江三角洲地区、珠江三角洲地区及成渝地区 2010 ～ 2018 年整体呈现较为明显的下降趋势。

展望

技术创新层面，未来将继续探索深度学习方法，引入更多相关指标和参数以提高估算精度，并探索大气中的污染物机制和源分布，推进大气环境研究。

应用推广方面，"一带一路"沿线地区是全球人口高密度地区，大气环境影响着人类健康，是公众首要关心的问题。未来通过构建高时空分辨率数据，完善和推动 PM2.5、臭氧等与公共健康密切相关的产品进步和落地应用。这方面的工作还需要政府、社会等用户力量的引导和支撑。

中国城市开放公共空间面积比例

尺度级别：国家
研究区域：中国

开放公共空间为城市人口提供了娱乐机会、审美享受、环境和农业功能等有价值服务，是改善城市功能、促进健康、提升居民生活质量等城市生态系统的先决条件（Brander & Koetse，2011）。同时，公共空间与社会安全性和凝聚力、平等性以及人民健康和福祉等益处息息相关。在 SDGs 中，开放公共空间是实现 SDG 3、SDG 5、SDG 8、SDG 13 等若干目标的关键。在新的时代背景下，城市公共空间的规划更新为城市空间转型和品质的提升提供了可行路径。

对应目标

11.7 到2030年，向所有人，特别是妇女、儿童、老年人和残疾人，普遍提供安全、包容、便利、绿色的公共空间

对应指标

11.7.1 城市建设区中供所有人使用的开放公共空间的平均比例，按性别、年龄和残疾人分列

方法

从中国土地利用数据产品中提取亚类"城镇用地"构建中国建成区空间数据集。从全国导航矢量数据中提取基于建成区定义的城市边界内的开放公共空间（包括公共绿地、广场）。同时提取各级道路数据（高速公路、国道、省道、县道、乡镇道路和城市街道），根据中国道路建设宽度规范，将道路线状数据空间化为面状矢量数据。具体计算过程包括：① 生成全国公里网格，定义 Fishnet 函数，利用栅格网格转化法生成全国公里网格；② 利用全国网格与公共绿地空间数据叠加分析，生成公里网格公共绿地空间数据；③ 以国家各级道路建设宽度规范，将高速公路、省道、县道、乡镇道路和城市其他道路转换为面状数据，然后与全国网格叠加分析，生成公里网格道路空间数据；④ 在网格尺度，将道路数据与公共绿地数据加和后除以城市建成区总面积得到城市开放公共空间面积比例；⑤ 尺度转换，基于空间统计分析，将结果由公里网格尺度向县、市、省和全国尺度转换。

所用数据

◎ 2015 年中国导航矢量数据，包括公共绿地、广场、各级道路（高速公路、国道、省道、县道、乡镇道路、城市街道）等数据，以 PostgreSQL 数据库存储。

◎ 2015 年 100 m 分辨率的中国土地利用数据产品，数据来自中国科学院资源环境科学数据中心"2015 年中国土地利用现状遥感监测数据"，主要基于 Landsat-8 遥感影像，通过人工目视解译生成。

结果与分析

　　本案例对中国所有地级市城市开放公共空间进行了评价研究，初步结果为：在省级层面，中国各省（自治区、直辖市）城市建成区开放公共空间面积平均比例为 17.98%（不包括港澳台地区）；其中，北京市开放公共空间面积比例最高，为 29.18%，广西壮族自治区最低，仅为 10.82%；全国共有青海、陕西、贵州、山西、江西、吉林、湖北、湖南、山东等 18 个省（自治区、直辖市）的开放公共空间面积比例低于全国平均水平（图 4-11）。在城市

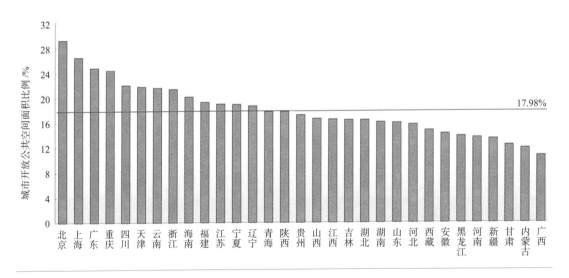

图 4-11　全国各省（自治区、直辖市）城市开放公共空间面积比例
注：不包括港澳台地区

层面，东部城市开放公共空间面积比例高于中西部城市，省会城市高于全省其他城市。京津冀城市群、长江三角洲城市群、珠江三角洲城市群、四川盆地城市群、云贵地区城市群开放公共空间面积比例高于周边城市。城市开放公共空间主要由公园、广场和绿地等公共空间与道路组成，京津冀城市群、长三角城市群、珠三角城市群地区城市道路密度占主导位置，而四川盆地城市群和云贵地区城市群的绿色公共空间占主导（图4-12）。

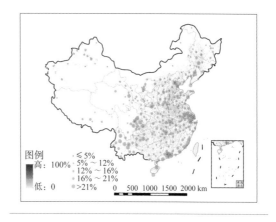

图 4-12　全国主要地级市开放公共空间面积比例
注：台湾省资料暂缺

成果要点

- 在省级层面，中国各省（自治区、直辖市）城市建成区开放公共空间面积平均比例为 17.98%（不包括港澳台地区）；其中，北京市开放公共空间面积比例最高，为 29.18%，广西壮族自治区最低，仅为 10.82%。

- 在城市层面，东部城市开放公共空间面积比例高于中西部城市，省会城市高于全省其他城市。

展望

　　中国导航数据为实时更新数据，能够满足未来高时间分辨率的评价需求。中国土地利用数据产品每 3～5 年更新一次，基本可满足评价需求。

　　本案例采用的方法较为简便易行，同时导航数据和全球土地利用数据均不难获取，这为世界各国开展 SDG 11 目标的本国评价与国际对比提供了新思路。

　　本案例采用的方法解决了 SDG 11.7.1 的核心评价内容，但开放公共空间类别目前只包含绿色公共空间和道路数据，没有涉及其他开放公共空间类型。今后需进一步完善开放公共空间评价类型。

　　SDG 11.7.1 考虑到了开放公共空间对不同分类人群的服务，而当前按性别、年龄和残疾人信息分类仍然是一项关键挑战。下一步需结合移动互联网等大数据开展不同人群人口空间数据研发，以更好地为 SDGs 的实现提供空间数据和决策支持。

本章小结

　　本报告以 SDG 11 的 5 个指标为例，针对 Tier Ⅰ、Tier Ⅱ 和 Tier Ⅲ 三类指标提出相应的地球大数据支撑的指标评价模型和方法，在全球、区域和中国三个尺度生产了相应的数据产品，实现了 SDGs 指标的实时动态、空间精细化、定量监测与评估，为后续开展全球、区域可持续发展的综合评价提供了有力的支撑。

　　（1）针对 SDG 11.3.1，提出了利用多源多时相升降轨 SAR 和光学数据结合其纹理特征和物候特征融合的全球 10 m 分辨率高精度城市不透水面提取方法，为该指标监测与评估提供技术方法和数据支撑；生产"一带一路"沿线区域 1500 个人口超过 30 万的城市 1990 年、1995 年、2000 年、2005 年、2010 年和 2015 年城市扩张遥感数据集，为"一带一路"沿线区域城市可持续发展提供基础资料；在 PM2.5 估算方面（SDG 11.6.2，Tier Ⅰ），提出了利用卫星反演的气溶胶光学厚度估算近地面 PM2.5 的新方法，提升了 PM2.5 遥感估算的精度和时空分辨率，为城市空气质量的评估提供了新的数据产品。

　　（2）在城市公共交通（SDG 11.2.1，Tier Ⅱ）、城市土地利用效率（SDG 11.3.1，Tier Ⅱ）和城市公共空间（SDG 11.7.1，Tier Ⅱ）指标方面，以高分辨率遥感数据和导航矢量数据为核心，提出了公共交通、开放公共空间（绿地、广场、道路等）、建成区范围和人口等城市信息的高时空分辨率提取方法，形成了高分辨率的中国区域数据产品。

　　（3）在保护和捍卫世界文化和自然遗产（SDG 11.4.1，Tier Ⅲ）方面，提出"加大单位面积资金投入，保护和捍卫世界文化和自然遗产"的新指标，并构建了相应的评价模型，在中国区域开展了案例研究。

　　可持续发展已成为城市未来发展和应对资源、环境等挑战的有效选择，而城市地区成为实施可持续发展战略的重要阵地。未来将在指标评价方法发展和综合评价方面重点开展以下研究。

　　（1）进一步深度挖掘地球大数据在 SDG 11 指标评价方面的潜力，构建新的评价模型并生产高质量评价数据集。

　　（2）以 SDGs 为框架，重点围绕城市相关指标开展多指标协同与权衡研究；积极与国家政府部门合作，联合开展中国主要城市的可持续发展综合评估，服务于政府决策。

　　（3）将地球大数据支撑的 SDG 11 指标评价模型和方法标准化，将新方法和新数据推向国际社会；为"一带一路"沿线地区提供数据和技术支撑，协助相关国家和地区开展 SDG 11 指标监测与综合评估。

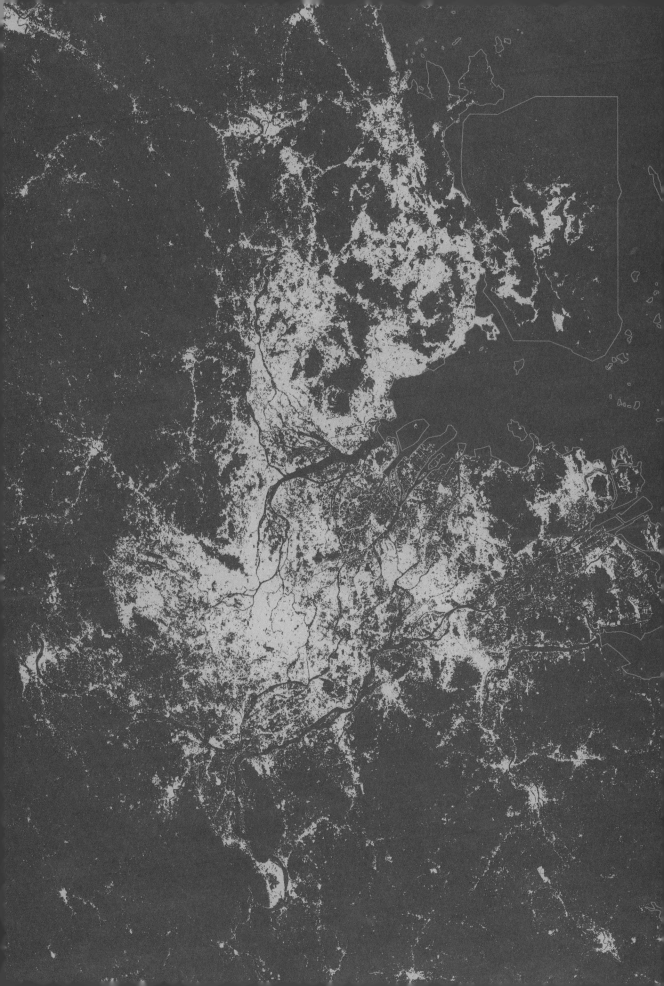

第五章

SDG 13 气候行动

背景介绍

　　气候变化的影响正波及世界上每个国家，极端气候事件所导致的后果也越来越严重，温室气体排放达到历史新高，如不采取行动，21 世纪地球平均地表温度升幅可能超过 3℃。为加强对气候变化威胁的全球应对，各国于 1992 年缔结了《联合国气候变化框架公约》，并于 2015 年通过了《巴黎协定》，缔约国家达成共识，致力于将全球气温升幅控制在 2℃以内。2015 年，第三届世界减灾大会通过了《2015—2030 年仙台减灾框架》，旨在抵御与减少包括极端气候事件导致的灾害损失。

　　为了更好地监测与落实上述协议与框架，SDG 13 气候行动专门设立了 5 个具体目标8 个评价指标，涵盖了加强抵御和适应灾害能力、实施联合国气候变化框架公约、建立应对气候变化认知能力等方面。当前，有关具体指标的监测与落实多依赖各国政府统计部门及国际组织调查获取，由于各国政府在有关气候变化认知上的差异，部分国家在应对气候变化行动上不足，使得数据获取较为困难。报告利用地球科学大数据的技术优势，聚焦在SDG 13.1 加强各国抵御和适应气候相关的灾害和自然灾害的能力及 SDG 13.3 加强气候变化减缓、适应、减少影响和早期预警等方面的教育和宣传，加强人员和机构在此方面的能力（表 5-1），为监测与落实 SDG 13 提供数据支撑与决策支持。

表 5-1　重点聚焦的 SDG 13 指标

具体目标	分类状态
13.1 加强各国抵御和适应气候相关的灾害和自然灾害的能力	Tier Ⅱ、Tier Ⅰ
13.3 加强气候变化减缓、适应、减少影响和早期预警等方面的教育和宣传，加强人员和机构在此方面的能力	Tier Ⅲ

梦珂冰川

主要贡献

利用 CASEarth 提供的数据集和模型方法，重点在减少气候灾害损失、加强气候变化响应认知两个方向，在全球、"一带一路"沿线国家和地区、典型地区等不同尺度上开展 SDG 13 指标监测与评估，为全球贡献中国在 SDG 13 指标监测中的方法模型、数据产品、决策支持三个方面的研究成果（表 5-2）。

表 5-2　案例名称及其主要贡献

子目标	案例	贡献
13.1 加强各国抵御和适应气候相关的灾害和自然灾害的能力	"一带一路"沿线国家和地区灾害指标监测与分析	数据产品："一带一路"沿线国家和地区 SDG 13.1.1 指标数据产品 决策支持：为评价各国在抵御或减少灾害损失方面的落实提供决策支持
13.3 加强气候变化减缓、适应、减少影响和早期预警等方面的教育和宣传，加强人员和机构在此方面的能力	全球大气 CO_2 浓度变化对气候变化的响应	数据产品：全球大气卫星监测 CO_2 时空连续数据产品 方法模型：形成全球尺度温室气体（主要为 CO_2）基于时序数据拟合的异常变化检测方法 决策支持：分析极端事件引起的大气 CO_2 浓度异常，为控制大气 CO_2 浓度升高，制定环境保护、改善和修复政策提供决策参考
	冰川与北极海冰应对气候响应认知	数据产品："一带一路"冰川时空监测产品；北极海冰预测产品 决策支持：为依靠冰川补给区水资源合理规划及北极航道开发等战略规划提供决策参考

案例分析

"一带一路"沿线国家和地区灾害指标监测与分析

尺度级别：区域
研究区域："一带一路"沿线国家和地区

案例使用的灾害数据来自紧急灾难数据库（EM-DAT），统计数据的年代范围为 1980～2018 年。EM-DAT 在国家尺度灾害管理和研究中广泛的使用，该数据库对影响较大的灾害事件进行记录，虽然其记录数据有限，但是其对各国的受灾趋势分析仍具有很强的指示意义。利用 EM-DAT 对"一带一路"沿线不同类型自然灾害的发生频次、伤亡人数和受影响人数情况做了详细的统计，完成了长时间序列（1980～2018 年）SDG 13.1.1 指标灾害信息空间化工作，从时间维、空间维、重要节点、重点区域等监测了联合国提出 SDGs 后全球灾害损失指标的变化情况。

对应目标

13.1 加强各国抵御和适应气候相关的灾害和自然灾害的能力

对应指标

13.1.1 每 10 万人当中因灾害死亡、失踪和直接受影响的人数

方法

SDG 13.1.1 为每 10 万人当中因灾害死亡、失踪和直接受影响的人数。本案例以此为计算标准，从自然灾害的种类、发生频次，以及因灾死亡、失踪和受影响人数等方面对 1980～2018 年"一带一路"沿线国家和地区受灾情况进行了详细的统计分析，进而计算出相应国家和地区的 SDG 13.1.1 指标。同时，进一步计算了每 10 万人当中因灾害死亡人数——10 万人受灾死亡率（死亡人口 / 受影响人口 ×10 万），通过对比其变化反映各国 / 地区在抵御灾害和减少损失方面的努力和成效。

所用数据

◎ 紧急灾难数据库 EM-DAT（https://www.emdat.be）。

结果与分析

　　现有数据分析结果表明，亚洲、非洲、大洋洲和欧洲在 1980～2018 年因灾害受影响人数共计约 59.4 亿人次，其中死亡 184 万余人。亚洲受影响人数位居榜首，高达 51.6 亿人次，约占总受灾害影响人数的 87%，成为多年来受灾最为严重的大洲。为进一步探究亚、非两大洲近 40 年间受灾情况，本案例对各地区每年人口数据进行了统计，计算出 1980～2018 年亚、非各区域 SDG 13.1.1 变化趋势，如图 5-1 所示。总体来看，自 1980 年至今，受自然灾害影响较为严重（SDG 13.1.1 指标达到 1000 及以上）的国家集中在东南亚、非洲中部及南部地区。中国、印度、巴基斯坦、缅甸、老挝、菲律宾、纳米比亚、苏丹、莫桑比克、埃塞俄比亚等发展中国家和不发达国家，目前受灾害影响较大，且死亡人数较多，在抵御与减少灾害损失方面任重而道远。

　　通过将 2000 年前后各国 SDG 13.1.1 指标值进行对比发现，"一带一路"沿线地区大部分国家指标有所下降，其减灾政策取得了一定的成效（图 5-2）。在 20 个灾害高风险国家中，有 13 个国家 2000 年后指标值有所下降；17 个国家受灾死亡率出现显著下降，其中受灾死亡率最低的为中国，受灾死亡率从 700/10 万人下降至 6/10 万人。从区域层面上看，亚洲、非洲、大洋洲及欧洲 2000 年后的指标值均显著下降，17 个区域中有 11 个区域灾害影响得到了一定程度的控制；但中亚、东南亚、南亚、非洲南部、东欧以及大洋洲的美拉尼西亚指标值仍有所上升；东亚及大洋洲减灾成效最为显著，特别是受灾死亡率大大降低。可以看出，经济发展水平较高的国家和地区在抵御与减少灾害损失方面的能力优于经济发展水平较低的国家和地区。

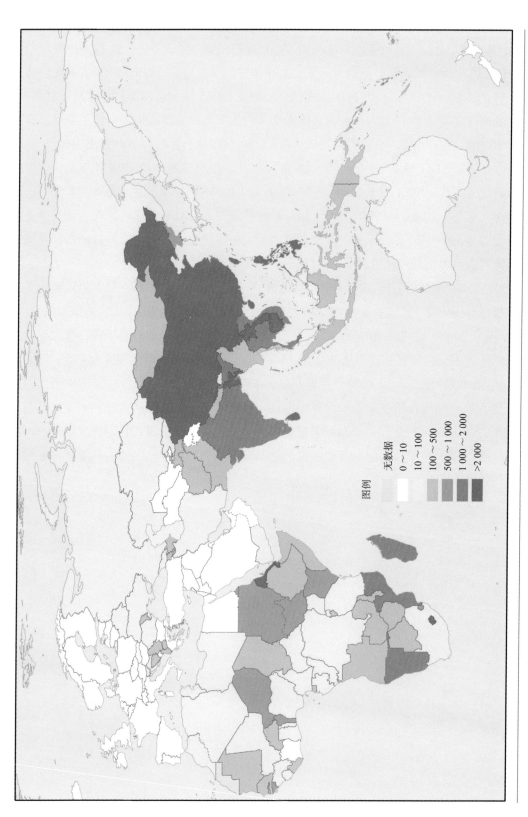

图 5-1　1980～2018 年 "一带一路" 沿线地区 SDG 13.1.1 指标值

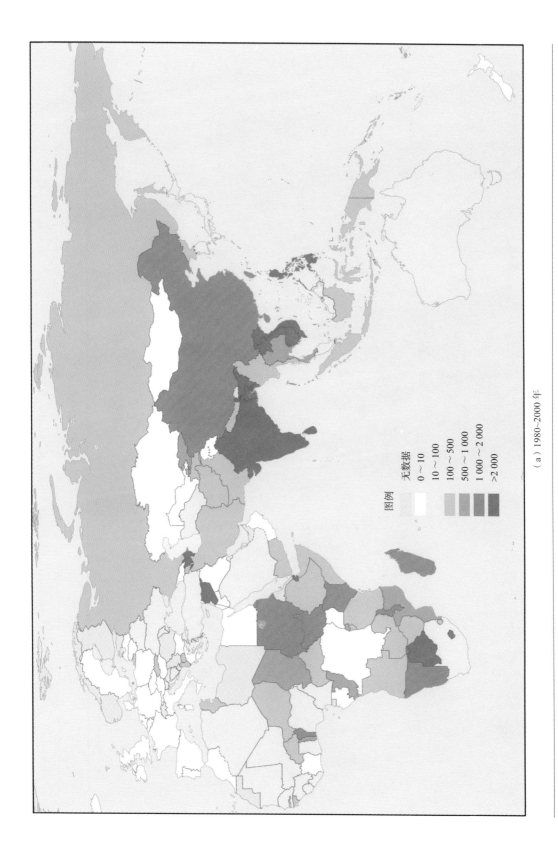

图例

无数据

0～10

10～100

100～500

500～1 000

1 000～2 000

>2 000

（a）1980～2000 年

图 5-2　1980～2000 年和 2000～2018 年 "一带一路" 沿线地区 SDG 13.1.1 指标值

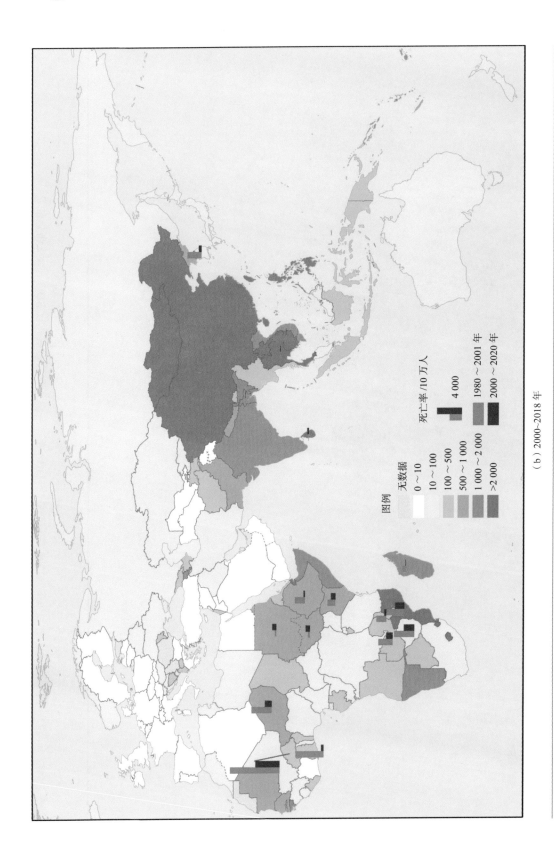

（b）2000~2018 年

图 5-2　1980~2000 年和 2000~2018 年 "一带一路" 沿线地区 SDG 13.1.1 指标值（续）

成果要点

- 总体来看，自 1980 年至今，受自然灾害影响较为严重的国家集中在东南亚、非洲中部及南部地区，这些国家与地区在抵御与减少灾害损失方面任重而道远。

- 2000 年前后各国 SDG 13.1.1 指标值对比表明，"一带一路"沿线国家整体来看指标有所下降。在 20 个灾害高风险国家中，13 个国家 2000年后指标值有所下降，17 个国家受灾死亡率显著下降，表明大部分国家与地区在减灾方面均取得了一定的成效。

展望

　　整体来看，发达国家受灾害影响程度较低，而发展中国家及欠发达国家则需承受灾后巨大的人口伤亡和经济损失。对于灾害发生频次高、伤亡人数多的国家，在大力发展本国经济的同时，还要配合联合国减灾政策，加强抵御与减少灾害损失方面的能力建设。未来，CASEarth 将持续性开展各国和地区相关 SDG 13.1.1 指标监测，同时将利用遥感与地理信息技术生产"一带一路"及全球典型国家和地区典型气候灾害类型空间分布产品，为抵御和减少灾害损失提供技术支撑。

全球大气CO$_2$浓度变化对气候变化的响应

尺度级别：全球
研究区域：全球

　　控制和减少 CO_2 的人为排放，是人类减缓气候变化的重要途径之一。人为排放引起全球大气 CO_2 浓度每年约 2ppm[①] 的增量。然而地面观测调查发现，虽然人为碳排放的年际变化平稳（特别是 2010～2016 年），但全球大气 CO_2 浓度的年际升高却呈波动性变化。这种波动性变化与极端气候引起的陆地生态的 CO_2 吸收 / 排放异常有关。大气 CO_2 浓度和辐射强迫的增加导致气候变暖，极端气候事件增多，而极端气候又会反馈引起大气 CO_2 浓度的升高。充分认知这种自然变化引起的大气 CO_2 浓度升高或降低，对控制大气 CO_2 浓度升高，制定环境保护、改善和修复政策有着重要的参考价值。

对应目标

13.3 加强气候变化减缓、适应、减少影响和早期预警等方面的教育和宣传，加强人员和机构在此方面的能力

对应指标

13.1.1 每10万人当中因灾害死亡、失踪和直接受影响的人数

方法

　　利用 2009 年 6 月 1 日～2016 年 5 月 31 日温室气体观测卫星（Greenhouse Gases Observing Satellite，GOSAT）观测反演的 X_{CO_2} 数据，基于时空地统计建模方法生成得到全球陆地区域时空连续格网数据（3 天 /1° × 1° 格网）。应用季节性叠加趋向谐波函数获取残差异常值泛洪填充算法提取 X_{CO_2} 异常发生的时期和区域。为进行卫星结果对比验证，分别利用卫星获取的 GM-X_{CO_2} 数据和模型模拟数据集进行了异常检测。

　　研发基于时序数据拟合的异常变化检测方法，检测了 2009～2016 年大气 CO_2 浓度异常升高发生的区域和时期；并利用全球地表气温数据以及卫星观测反演的陆地参数（干旱指数、生物质燃烧、总生产力），对 CO_2 异常升高区域和发生时期进行归因分析。

---

① ppm 表示百万分之一，即 10^{-6}。

所用数据

本案例利用 2009～2016 年全球卫星遥感观测和模型模拟数据：

◎ 全球大气 CO_2 柱浓度（X_{CO_2}）制图数据（GM-X_{CO_2}），GOSAT-X_{CO_2} 数据（ACOS-GOSAT v7.3）；

◎ 土地覆盖（MCD12C1）；

◎ 地表气温数据（AIRSX3STM v6.0，GES DISC）；

◎ 干旱指数（scPDSI），来自 climate Research Unit；

◎ 火烧迹地（BA）（GFED v4.0），来自 Global Fire Emissions Database；

◎ 总初级生产力（gross primary production，GPP）（MOD17A2 v5，MODIS）；

◎ 大气输送模型（Carbon Tracker）模拟的 X_{CO_2} 数据（CarbonTracker 2016）。

结果与分析

　　极端气候事件的发生增加了相应区域的陆地生态系统 CO_2 排放，并与全球大气 CO_2 浓度的年际增量的波动升高相一致。CO_2 异常变化发生时期对应于极端气候变化的发生时期，且发生地理区域均不同程度地显示了气温、干旱指数、生物质燃烧、GPP 的异常，因此揭示出极端气候的发生导致了陆地生态碳排放的增强，进而引起大气 CO_2 浓度的升高。由此人类在控制人为 CO_2 排放的同时，也需要科学地修复和管理敏感的陆地生态系统，以减小极端气候对生态系统的影响。

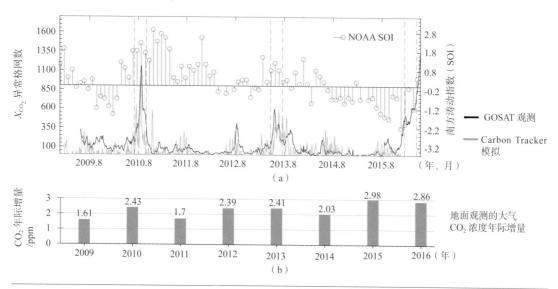

图 5-3　（a）南方涛动指数（NOAA SOI）[图（a）上] 对应的 GOSAT 卫星观测和 CarbonTracker 模型模拟检测的 CO_2 异常全球网格数 [图（a）下]（注：图中灰色虚线代表检测的异常发生时间）；地面观测的大气 CO_2 浓度年际增量（b）

卫星观测和模型模拟结果均显示出全球 X_{CO_2} 异常升高发生在 2010 年、2013 年和 2016 年，最长持续 3 个月（图 5-3），主要分布在草原和森林区域（图 5-4，表 5-3），区域异常变化在 1.3 ~ 1.8 ppm。发生时期分别对应厄尔尼诺引起的热浪、极端干旱等极端气候事件以及 2013 年异常的生物质燃烧。对应这些年，地面观测的全球大气 CO_2 背景浓度的年际增量也呈现出高于前 10 年平均增量的趋势（年际增量：2010 年为 2.3 ppm、2013 年为 2.9 ppm、2016 年为 3.3 ppm），而人为碳排放量在这些年变化平稳并没有明显的增长趋势。特别是 2016 年，地面观测年际增量达 3.3 ppm，卫星检测到多个区域发生 X_{CO_2} 异常升高，归因分析显示与极端气候导致的陆地生态碳排放的异常增强有关。

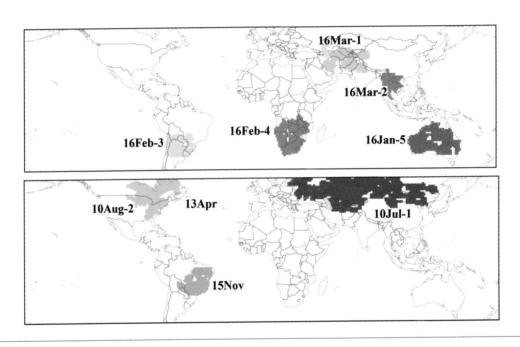

图 5-4　利用卫星观测检测到的 CO_2 异常高的分布及其发生的时间
注：其中各区域特征参照表 5-3

表 5-3 利用卫星观测检测到的 CO_2 异常高的图 5-4 所示分布区域特征

图例	图 5-4 异常区标注 （X_{CO_2} 异常发生年 – 月 – 编号）	异常 X_{CO_2} 值 / ppm	地表覆盖比例 （森林：草灌：耕地：裸地）
■	2016-5-a	1.5 ± 0.3	4：36：17：39
■	2016-5-b	1.6 ± 0.3	53：16：30：0
■	2016-2-c	1.3 ± 0.3	20：49：12：12
■	2016-2-d	1.4 ± 0.3	0：89：1：5
■	2016-1-e	1.3 ± 0.2	1：94：1：5
■	2015-11-a	1.4 ± 0.23	3：79：8：0
■	2013-4-a	1.4 ± 0.3	41：35：6：0
■	2010-7-a	1.8 ± 0.4	24：37：16：9
■	2010-8-b	1.7 ± 0.3	45：15：26：0

成果要点

- 极端气候事件的发生增加了相应区域的陆地生态系统 CO_2 排放，并与全球大气 CO_2 浓度的年际增量的波动升高相一致。

- 在控制人为 CO_2 排放的同时，也需要科学地修护管理敏感的陆地生态系统，以减小极端气候对生态系统的影响。

展望

后期将进一步处理 GOSAT 和 OCO-2 卫星数据，加大时间序列尺度，形成全球大气 X_{CO_2} 时空连续数据产品；利用更新的全球 X_{CO_2} 数据，结合全球碳相关遥感数据，应用异常检测方法，进一步检测 X_{CO_2} 的异常值，分析异常降低区域的陆地生态碳吸收特征，从 X_{CO_2} 异常升高和异常降低的综合分析，评估陆地生态碳源碳汇的变化及其对极端气候变化响应的敏感性。

冰川与北极海冰应对气候响应认知

尺度级别：区域
研究区域："一带一路"沿线国家和地区

　　冰川是气候变化的天然指示器，对气候变化响应非常敏感。近百年来，随着全球与区域温度升高，全球的冰川整体上呈现出以退缩消融为主的变化特征。"一带一路"沿线地区冰川广为发育，面积达 10 万 km^2。北极海冰是气候系统的重要组成部分，海冰的变化通过复杂的反馈过程对区域乃至更大尺度的天气气候产生重要影响，其变化是指示全球气候变化的重要标志。自 1979 年有卫星监测资料以来，北极地区的海冰加速融化，夏季北极地区甚至出现无冰区。因此，对高亚洲冰川与北极海冰开展现状监测与预测工作，具有重要的科学意义和应用价值。

对应目标

13.3 加强气候变化减缓、适应、减少影响和早期预警等方面的教育和宣传，加强人员和机构在此方面的能力

方法

　　卫星影像匮乏年代的历史冰川编目数据以地形图为主，通过与航拍相片校正，以手工数字化的方式获取冰川边界。后期利用 Landsat 卫星遥感影像采用人工目视解译和波段比值分类法提取冰川分布，然后参考地形图、ASTER 影像、Google Earth 和第一次冰川编目数据对冰川矢量边界进行人工修订和数据质量检查，以保证冰川轮廓（尤其是表碛覆盖区）被准确识别。再基于 DEM 数据提取流域边界和山脊线，划分出单条冰川。在海冰预测方面，采用中国科学院大气物理研究所大气科学和地球流体力学数值模拟国家重点实验室（IAP-LASG）自主研发的 FGOALS-f 2.1 季节内—季节气候预测系统，包括大气 – 海洋 – 陆地 – 海冰四个分量模式和一个耦合器：大气分量采用 IAP-LASG 自主研发的大气环流模式 FAMIL2.1。模式采用有限体积立方面网格的动力框架，水平分辨率近似 1°，垂直方向分为 32 层，模式层顶为 2.16 hPa（约 45 km）。预测系统采用松弛逼近方法实时同化大气和海洋的再分析资料，同化资料为美国全球预测系统（Global Forecast System，GFS）再分析资料和海表温度（Optimum Interpolation Sea Surface Temperature，OISST）实时海洋资料，时间分辨率和同化时间窗口为 6 h。其中，大气分析场包括标准等压面风场、温度场和高度场数据，海洋包括海表分析数据。

13 **所用数据**

◎ 1 : 10 万和 1 : 5 万地形图；

◎ Landsat MSS/TM/ETM/OLI 数据；

◎ RGI6.0、第一次中国冰川编目数据和第二次中国冰川编目数据；

◎ GFS 实时再分析资料，OISST 实时海洋资料。

13 **结果与分析**

　　本案例监测了"一带一路"沿线地区 15 个流域冰川 [阿姆河与萨尔温江（中国境内部分称为怒江）未统计] 自 1969 年来的变化，结果如下。总体冰川面积减少了 9300 km²，退缩了 17.2%；西风环流北支影响下的伊犁河—河西内陆河流域冰川面积减少较快，年变化率超过 0.8%；印度季风影响下的恒河、雅鲁藏布江、湄公河（中国境内部分称为澜沧江）次之；青藏高原内陆流域、塔里木河冰川年变化率最小。在西风带南支与印度季风交汇的印度河流域冰川面积几乎无变化甚至出现面积增加的趋势（图 5-5）。更详细的数据显示，中国的天山、祁连山 1969 年前后冰川面积分别为 8487 km² 和 1986 km²。中国天山冰川在 1969 ～ 2013 年退缩了 16.5%。祁连山 1970 ～ 2018 年共减少冰川面积 683.67 km²，冰川退缩了 34%，合 0.7%/a。研究还发现冰川的规模与分布对气候变化影响的差异性，即冰川规模大的流域，如面积较大的阿克苏河流域和渭干河流域冰川面积退缩率（小于 0.5%/a）和面积较小的白杨河和开都河流域面积退缩率（大于 1.0%/a）差异较大，反映了小冰川对气候变化更敏感。

　　基于 FGOALS-f 2 季节预测系统 2019 年 6 月 1 日起报的海冰预测数据，2019 年 6 月 30 日北极海冰范围为 928 万 km²，海冰范围分布如图 5-6（b）图所示。可以看出，相比于美国国家冰雪数据中心（NSIDC）的数据，FGOALS-f 2 预测结果具有很高的相似度，这可以为北极航道开发等相关战略规划提供参考信息。该案例提出的方法和生产的海冰预测数据可以为 SDGs 实现海冰范围提供空间数据和决策支持。

成果要点

● 自 1969 年以来"一带一路"沿线地区 15 个流域的冰川除印度河以外均表现为不同程度的退缩，面积减少了 17.2%。受西风环流北支影响的伊犁河—河西内陆河流域冰川面积年减少率超 0.8%。

● 基于 FGOALS-f2 季节预测系统成功预测了 2019 年 6 月 1 ～ 30 日的海冰分布范围。

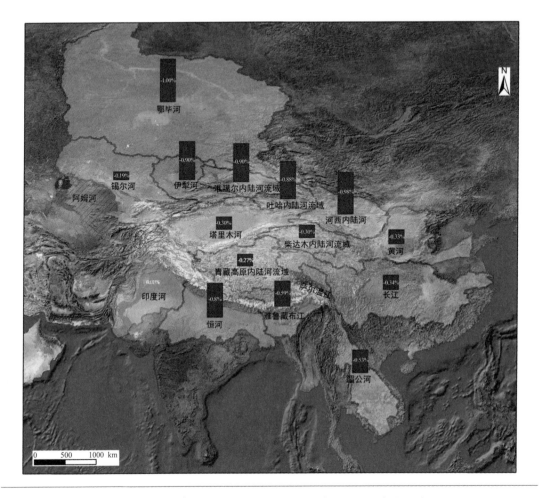

图 5-5 "一带一路"沿线地区 15 个流域冰川面积年变化率

加强冰川变化对水资源影响的认识，是合理利用冰川融水资源的前提。因此，冰川变化数据可以为区域基础能力建设提供数据支持。对已经出现的水资源过度利用和存在生态环境问题的河流，应给予足够的重视。未来将对冰川、冰川相关灾害及冰川水资源进行监测，并分析冰川变化及其对气候的响应机制和演化趋势。北极海冰对气候变化响应敏感，未来，将实时发布和更新（例如每天）北极海冰预测产品；同时，将深入分析北极海冰消融及其对气候反馈的物理机制，以及海冰的演变趋势；研究北极海－冰－气相互作用及其对天气气候的影响。

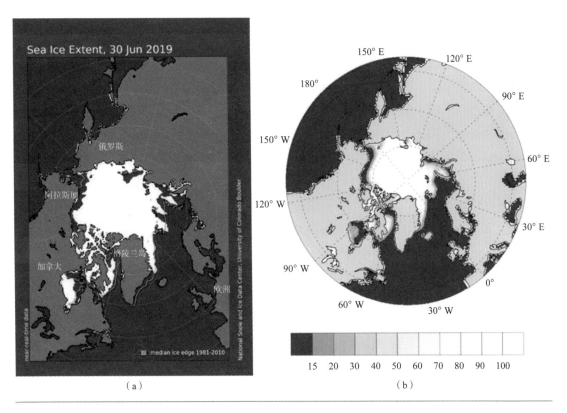

图 5-6　NSIDC 观测的 2019 年 6 月 30 日北极海冰范围（a）和 FGOALS-f2 季节预测系统 6 月
1 日预测的 2019 年 6 月 30 日北极海冰范围（b）

图片来源：图（a）来源于 National Snow and Ice Data Center

本章小结

目前，气候变化正广泛而深刻地影响人类活动和自然系统，引起越来越多的极端异常气候灾害事件。本报告集成高分辨率卫星遥感、统计调查等地球大数据，在"一带一路"及全球尺度开展了 SDG 13.1.1 指标监测与分析、CO_2 浓度变化对气候变化的响应分析、冰川应对气候变化分析，为监测与落实 SDG 13.1 "减少气候有关灾害"与 SDG 13.3 "加强气候变化响应认知能力"提供了数据产品、方法模型与决策支持。专项在已有案例的基础上，未来将重点开展以下工作：

（1）形成"一带一路"及全球尺度的 SDG 13 气候变化相关的产品数据集，主要包括：围绕 SDG 13.1 "减少气候有关灾害"目标的不同气候灾害类型空间分布产品、灾害伤亡评价指标产品；围绕 SDG 13.3 "加强气候变化响应认知能力"目标的 CO_2、CH_4 等温室气体持续性监测产品，冰雪持续性监测产品，南北极海冰预测产品。

（2）开展 SDG 13 与其他 SDGs 目标的交叉结合研究。气候变化影响着 SDG 2 零饥饿、SDG 6 清洁饮水和卫生设施、SDG 14 水下生物、SDG 15 陆地生物的各个方面，本报告对各个指标的气候变化的响应进行深入关联分析研究，加强气候变化响应的认知，为决策支持提供数据参考与技术支撑。

14 水下生物

第六章

SDG 14 水下生物

背景介绍

海洋是全球生态系统的重要组成部分，为数十亿人提供食物和生计，吸收大气热量和超过 1/4 的 CO_2，并产生了约一半的 O_2。近几十年来，在人类活动和全球变化的双重影响下，海洋生态系统尤其是全球近海生态系统稳定度下降，酸化、低氧、富营养化等环境问题愈发严重，赤潮、水母暴发等生态灾害频发，沿海渔业资源日渐枯竭，对海洋生态环境和沿海经济可持续发展构成威胁。海洋保护区鼓励负责任地开采海洋资源的政策和条约，对应对这些威胁至关重要。

中国启动了一系列海洋重大研究计划，在海洋基础数据积累和理论认知方面取得了跨越发展，但是现阶段在海洋污染综合评估、海水酸化问题应对、近海生态系统健康管理以及海洋资源可持续利用等方面还有诸多不足，难以满足"保护和可持续利用海洋和海洋资源以促进可持续发展"的需求。CASEarth 以全球尺度基础数据产品和可持续系统研发为主要出口，围绕"中国近海"信息集成和科学研究开展工作，为海洋可持续发展目标 SDG 14 的实现提供了数据和平台保障。

SDG 14 旨在"保护和可持续利用海洋和海洋资源以促进可持续发展"，主要关注海洋生物的多样性、海水酸化对海洋生态的威胁、陆源污染物对海洋的影响、海洋可持续利用资源等问题，已确定 7 个具体目标。本报告聚焦 SDG 14 涉及的海洋污染评估和海洋生态系统健康管理两个方向（表 6-1），为 SDGs 的实现提供支撑。

表 6-1　重点聚焦的 SDG 14 指标

具体目标	具体指标	分类状态
14.1 到 2025 年，预防和大幅减少各类海洋污染，特别是陆上活动造成的污染，包括海洋废弃物污染和营养盐污染	14.1.1 富营养化指数和漂浮的塑料污染物浓度	Tier Ⅲ
14.2 到 2020 年，通过加强抵御灾害能力等方式，可持续管理和保护海洋和沿海生态系统，以免产生重大负面影响，并采取行动帮助它们恢复原状，使海洋保持健康，物产丰富	14.2.1 国家级经济特区当中实施基于生态系统管理措施的比例	Tier Ⅲ

主要贡献

　　利用 CASEarth 提供的数据集和模型方法，重点围绕海洋污染和海洋生态系统健康两个方向，在典型地区开展 SDG 14 指标监测与评估，为全球贡献中国在 SDG 14 指标监测中的方法模型、数据产品、决策支持三个方面的研究成果（表 6-2）。

表 6-2　案例名称及其主要贡献

指标	案例	贡献
14.1.1 富营养化指数和漂浮的塑料污染物浓度	中国近海典型海域富营养化评估	方法模型：构建适用于中国近海富营养化评估的第二代综合评估体系；科学评估中国近海典型海域富营养化状况 决策支持：参与中国近海富营养化评价海洋行业标准的制定；撰写富营养化评价国际报告并提交联合国环境规划署
14.2.1 国家级经济特区当中实施基于生态系统管理措施的比例	中国近海典型海域生态系统健康评估	方法模型：针对典型研究海域构建评估指标体系

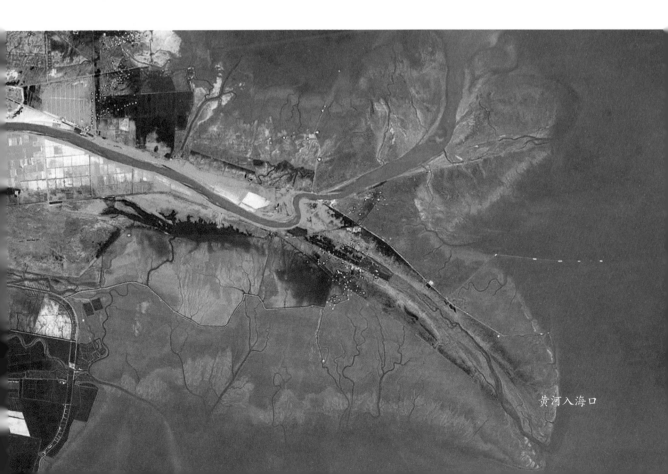

黄河入海口

案例分析

中国近海典型海域富营养化评估

尺度级别：典型地区
研究区域：中国近海

　　人类活动排放的污染物经过各种途径（如河流排放、大气沉降等），最终排入近海。陆上活动污染的加剧导致了海洋营养盐污染和近海富营养化。近海生态系统面对营养盐输入压力，会产生相应的生态系统响应。本报告综合考虑中国近海的营养盐压力和低氧、赤潮等生态系统响应，构建了基于水质状态和生态系统响应的近海富营养化评估模型，开展了中国近海典型海域人类压力、生态系统症状和富营养化状况的综合评估研究。相关模型和结果将为决策者通过管理措施预防和减少海洋污染（尤其是营养盐污染）从而消除中国富营养化问题（从而实现 SDG 14.1 的目标）提供科学依据和技术支撑。

对应目标

14.1 到2025年，预防和大幅减少各类海洋污染，特别是陆上活动造成的污染，包括海洋废弃物污染和营养盐污染

对应指标

14.1.1 富营养化指数和漂浮的塑料污染物浓度

方法

　　以长江口、胶州湾、莱州湾、渤海湾等不同尺度的近海海湾、河口为示范区，采用国际上目前通用的压力－状态－响应框架，针对中国近海典型海域生态系统特点和监测水平，筛选人类压力、水质状态、生态系统症状等方面的各类指标，构建了富营养化状况评估指标体系，建立了适用于中国近海富营养化评价的新一代综合评估模型。在此基础上，应用该模型对典型海域富营养化状况进行了科学评估。

所用数据

◎ 中国近海和典型海湾营养盐、叶绿素、生物量、溶解氧等理化指标。
◎ 海洋监测部门提供或者公开发布的数据。

结果与分析

　　本案例构建了基于水质状态和生态系统响应的中国近海富营养化评价指标体系和综合评估模型。该模型在人类压力评价部分充分考虑了不同评价区域的海域敏感性、水动力条件差异，从而更为客观地反映不同区域的人类压力特点；在生态响应评价部分细分初级生态响应和次级生态响应，从而有效地反映近海生态系统营养化发展的阶段和程度；增加了管理响应模块，综合"人类压力"、"系统状态"和"管理响应"不同模块的评价结果，对典型海域富营养化状况进行综合评估，使得评估结果更为客观并具有现实指导意义。

　　针对近海富营养化综合评估中的关键性指标，以胶州湾为典型海域，基于地理信息系统，开发了人类活动压力（图6-1a）和赤潮等近海富营养化症状（图6-1b）的可视化评估模型。结果表明，受人类活动变化影响，该海域富营养化状态在近20年内有所变化，赤潮高发区从胶州湾内向湾外转移。上述结果为富营养化管理和政府决策提供了科学依据和技术支撑。

　　在对人类压力和生态系统症状评估基础上，进一步对不同尺度中国近海富营养化状况开展综合评估。结果表明，在一些人类活动较多、营养盐压力较重的内湾、河口等典型海域，富营养化症状明显，富营养化程度较为严重，如渤海湾、胶州湾、莱州湾和长江口等海域（图6-2）。进一步针对这些典型海域继续实施营养盐减排、海域生态系统修复等措施，并持续开展富营养化跟踪评估，是评估管理措施有效性并最终消除近海富营养化的有效途径。

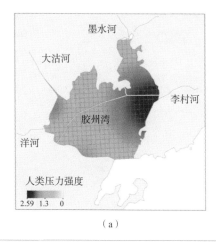

（a）

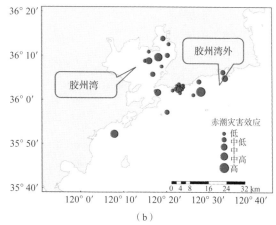

（b）

图6-1　中国典型海湾胶州湾人类活动压力评估（a）和赤潮等近海富营养化症状评估（b）

因子	组合矩阵						等级	
水质状态				1	2			
生态响应				1	1			1 优
水质状态		1	2	3	3	4		
生态响应		2	2	1	2	1		2 良
水质状态	1	1	2	3	4	4	5	
生态响应	3	4	3	3	2	3	2	3 中
水质状态		2	2	3	4	5		
生态响应		4	5	4	4	3		4 劣
水质状态			3	4	5	5		
生态响应			5	5	4	5		5 差

图6-2　中国近海典型海域富营养化状况评估

成果要点

- 构建了基于水质状态和生态系统响应的中国近海富营养化评价指标体系和综合评估模型。

- 近海富营养化状况的科学评估既需要考虑人类活动压力，也需要考虑低氧、赤潮等生态响应情况。

- 在一些人类活动较多、营养盐压力较重的内湾、河口等典型海域，富营养化症状明显，富营养化程度较为严重。

展望

　　参与中国近海富营养化评价海洋行业标准的制定与正式发布，并进一步推广富营养化状况综合评估模型的业务化应用，为中国近海营养盐污染和富营养化管理提供科学依据和技术支撑。继续参与联合国环境规划署"西北太平洋行动计划"（North-west Pacific Action Plan，NOWPAP），发布中国近海富营养化评价相关研究报告。

　　不断更新相关数据，进一步从评估结果和决策支持等方面对SDGs的实现做出贡献。

近海富营养化导致大规模赤潮频发

中国近海典型海域生态系统健康评估

尺度级别：典型地区
研究区域：中国胶州湾

实现对海洋和海洋资源的保护和可持续发展，最重要的途径之一是从保持海洋生态健康的目标出发，建立以海洋生态系统为基础的海洋管理模式。海洋生态系统健康评估作为海洋管理和开发利用的重要工具手段，可以为海洋生态环境保护、生态管理等提供重要的科学依据，为国家和地方管理部门提供可以直接使用的、高质量的信息，是提升海洋管理能力以及近海决策水平，实现合理海洋资源开发、利用，保障海洋经济可持续发展的关键。近海生态系统承受着人类活动的多重压力，加上全球气候变化的大趋势及其自身的脆弱性，其健康评估工作涉及工业、农业、养殖业、旅游业、气候变化等多学科、多产业相关数据。因此，相关任务的完成必须从陆海统筹的理念出发，利用地球大数据平台的数据优势，通过发展大数据分析等技术方法才能够实现。

对应目标

14.2 到2020年，通过加强抵御灾害能力等方式，可持续管理和保护海洋和沿海生态系统，以免产生重大负面影响，并采取行动帮助它们恢复原状，使海洋保持健康，物产丰富

对应指标

14.2.1 国家级经济特区当中实施基于生态系统管理措施的比例

方法

本报告以中国胶州湾为目标海域，针对与胶州湾生态系统动态变化密切相关的气象、水文、化学、生物等要素进行现状及变化趋势分析，并考虑关键生态过程与生态系统变动之间的关系，初步确立了评估框架。从 SDG 14.2 海洋和沿海生态系统的可持续管理，以及实现保持海洋健康的目标出发，基于海域生态系统结构、服务功能及生态灾害/疾病等各项特征，完成了对各类数据资料的筛选、量化。利用机器学习技术，挖掘数据潜在的相关关系，并以此为基础，开展评估标准制定工作，对现有的标准进行改进，对尚未有定义的标准进行标准的建立。发展卡片式生态系统健康评估报告，将原始观测数据通过评估，转化成管理决策所需要的直观科学信息，直接服务于国家和近海开发管理工作。

所用数据

◎ 2006～2015 年胶州湾典型海域内，包括海洋浮游植物、浮游动物、底栖动物、细菌总数、叶绿素、水文、海水化学要素、悬浮物等要素实测数据。

◎ 2006～2010 年环境保护部门发布的环境状况公报中胶州湾海湾环境、水质以及养殖产量、面积等数据。

结果与分析

本案例对 2006～2015 年胶州湾生态系统的气象、水文、化学、生物等要素长期变化趋势以及要素间的相互关系进行了研究，结果表明，胶州湾生态系统存在趋势性的变化。海域域内营养盐浓度降低，代表海水水质状况改善；浮游植物、浮游动物群落组成、粒径结构等代表浮游生物群落结构健康状况的相关指标存在下降趋势（图 6-3）。10 年间，胶州湾内各项营养盐绝对限制及相对限制发生的频次也呈逐渐上升的趋势（图 6-4），与营养盐浓度与结构变化的影响结合，成为引起胶州湾浮游植物种类及数量变化的重要驱动因子。

对 2006～2015 年胶州湾试验性生态系统健康评估的结果表明，胶州湾整体健康处于 B 级，代表较良好的状况。胶州湾湾内水质环境十年评估结果呈现逐渐改善趋势，与海湾内营养盐等相关指标变化趋势一致，整体水质状况逐渐得到改善；湾内生物环境健康状况呈现小幅下降趋势，与代表浮游生物群落结构相关指标的整体长期变化趋势一致。研究结果表明，胶州湾生态系统健康各分项及整体指标的长期变化规律呈现非线性特征，部分与历史变化趋势一致，多项指标要素在近十年期间呈现与历史变化规律不同的变化趋势（图6-5）。

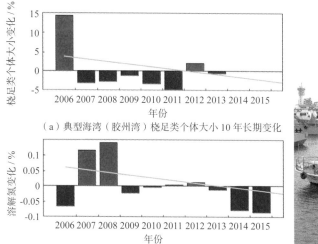

（a）典型海湾（胶州湾）桡足类个体大小 10 年长期变化

（b）典型海湾（胶州湾）溶解氮 10 年长期变化

（c）胶州湾生态监测平台

图 6-3　2006～2015 年近海典型海域浮游生物丰度变动情况

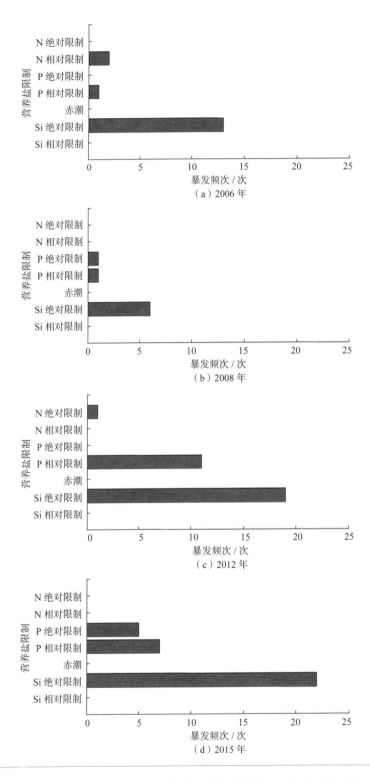

图 6-4　2006～2015 年近海典型海域营养盐限制及赤潮频次变动情况

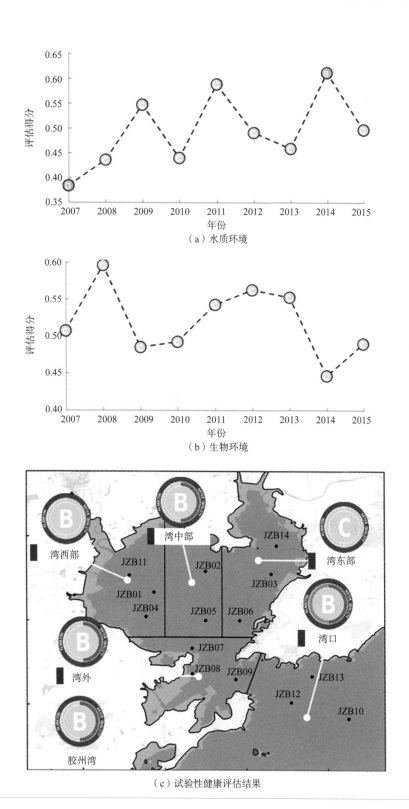

（a）水质环境

（b）生物环境

（c）试验性健康评估结果

图 6-5　2007～2015 年近海典型海域生态系统变化情况及试验性健康评估结果

成果要点

○ 在典型海域（胶州湾）生态系统结构、服务功能及生态灾害/疾病等各项特征基础上进行评估指标的筛选，利用机器学习技术确定相关指标标准，对评估方法进行完善，建立健康评估模型并对典型研究海域开展试验性评估工作。

○ 作为中国近海典型海湾的胶州湾整体健康状况良好，湾内整体水质环境状况呈现逐渐改善趋势；生物群落结构健康状况呈现小幅下降趋势。

○ 胶州湾湾内生态系统健康各分项及整体指标的长期变化规律呈现非线性特征，部分与历史变化趋势一致。

展望

　　海洋生态系统健康评估工作将进一步从陆海统筹的理念出发，利用地球大数据平台的数据优势，结合目前发展迅速的大数据分析等技术方法对海陆数据进行同步深入挖掘。同时，将进一步开发专家诊断模型和情景模拟系统，分析生态系统健康胁迫因子，实现对海洋生态系统的健康诊断，并将评估模型、诊断模型、水质模型、生态（动力学）模型、水动力模型进行系统整合，应用于一系列的场景模拟，预测生态系统的可能响应。

　　以胶州湾为中国近海典型海湾代表，在发展相应评估方法、模型基础上，在大亚湾、黄河三角洲滨海湿地、牟平海岸带进行应用推广，并在过程中对模型与方法不断进行完善和改进。同时，与澳大利亚海洋研究所、印尼海洋研究所进行国际合作，将相关健康评估研究的框架理念和模型方法在相关区域进行推广和应用，实现 SDG 14.2 对海洋及沿海生态系统保护和促进可持续发展的目标。

　　海洋生态系统健康评估对于陆地、海洋相关数据融合和进一步应用具有重要的促进作用，可为对多源数据通过平台的整合以及进一步实现真正大数据分析和挖掘提供解决手段和方法。在此基础上，面向国家决策需求，针对不同终端用户和使用目标，形成辅助决策咨询报告，为近海环境的保护和管理提供决策支持。

本章小结

　　针对 SDG 14 本报告重点围绕海洋污染问题和海洋生态系统健康管理两个指标开展研究工作。构建中国近海富营养化综合评估体系，科学评估中国近海不同尺度海域富营养化现状；参与中国近海富营养化评价海洋行业标准制定；发布中国区富营养化评价相关研究报告，为中国近海营养盐污染和富营养化管理提供科学依据；利用机器学习技术确定生态系统评估指标标准，建立生态系统健康评估模型；基于胶州湾长时间序列观测数据，开展生态系统健康试验性评估，科学评价胶州湾整体健康状况及其长期变化趋势。未来将进一步开发情景模拟系统，预测近海生态系统对海洋污染变化的可能响应；扩展方法模型应用的时空尺度（中国近海典型海域—全球热点区域）；进一步推广相关技术的业务化应用，为近海环境保护和管理提供决策支持，有效推动 SDG 14 指标评估和目标实现。

15 陆地生物

第七章

SDG 15 陆地生物

背景介绍

　　陆地生态系统是地球生命保障系统的基本组成单元，是人类赖以生存的基础，它所提供的粮食、木材、燃料、纤维等产品，以及净化水源、保持水土、清洁空气和维持整个地球生命保障系统的稳定性等服务功能，是社会经济可持续发展的基本保证。目前，土地退化愈发严重，耕地损失速度是历史速度的 30～35 倍。干旱化和荒漠化也愈发频繁，导致 1200 万 hm² 耕地损失，严重影响全球贫困地区。在目前已知的 8300 种动物中，8% 已经灭绝，22% 濒临灭绝。过去 50 年中，人类对生态系统的影响比历史上的任何时期都要快速和广泛，这导致地球上生物多样性发生巨大的、不可逆的丧失。

　　SDG 15 是"保护、恢复和促进可持续利用陆地生态系统，可持续管理森林，防治荒漠化，制止和扭转土地退化现象，遏制生物多样性的丧失"。推动陆地生态系统的可持续管理对减缓气候变化的影响、减少自然栖息地及生物多样性的丧失有关键作用。CASEarth 专项旨在利用地球大数据方法，为 SDGs 的监测与评估提供支撑。针对 SDG 15，CASEarth 专项聚焦 SDG 15 中的森林面积、保护区内陆地和淡水生物多样性的重要场地比例、退化土地面积、山区绿化覆盖指数与红色名录指数等 5 个指标（表 7-1），开展全球、区域、国家及典型地区等多个尺度的评价与监测，为 SDGs 的实现提供支撑。

表 7-1　重点聚焦的 SDG 15 指标

具体目标	具体指标	分类状态
15.1 到 2020 年，根据国际协议规定的义务，保护、恢复和可持续利用陆地和内陆的淡水生态系统及其服务，特别是森林、湿地、山麓和旱地	15.1.1 森林面积占陆地总面积的比例	Tier Ⅰ
	15.1.2 保护区内陆地和淡水生物多样性的重要场地所占比例，按生态系统类型分列	Tier Ⅰ
15.3 到 2030 年，防治荒漠化，恢复退化的土地和土壤，包括受荒漠化、干旱和洪涝影响的土地，努力建立一个不再出现土地退化的世界	15.3.1 已退化土地占土地总面积的比例	Tier Ⅱ
15.4 到 2030 年，保护山地生态系统，包括其生物多样性，以便加强山地生态系统的能力，使其能够带来对可持续发展必不可少的益处	15.4.2 山区绿化覆盖指数	Tier Ⅰ
15.5 采取紧急重大行动来减少自然栖息地的退化，遏制生物多样性的丧失，到 2020 年，保护受威胁物种，防止其灭绝	15.5.1 红色名录指数	Tier Ⅰ

主要贡献

利用 CASEarth 提供的数据集和模型方法，重点围绕 SDG 15 中的 5 个指标，在全球、区域、国家、典型地区等不同尺度上开展 SDG 15 指标监测与评估，为全球贡献中国在 SDG 15 指标监测中的方法模型、数据产品、决策支持三个方面的研究成果（表 7-2）。

方法模型方面： 集成地球大数据科学技术方法，重点建立地球大数据支撑全球土地退化评估方法体系，率先开展全球尺度土地退化评估；提出衡量和监测典型内陆干旱区土地退化过程的遥感新方法，为丝绸之路沿线中亚国家荒漠化防治提供决策依据。

数据产品方面： 面向 SDG 15 中的森林、保护区比例、土地退化、山区绿化覆盖度与红色名录等指标，生产全球土地退化数据产品、中亚土地退化产品、"一带一路"沿线国家和地区山区绿化覆盖指数、中国物种红色名录指数等，为 SDG 15 指标监测提供坚实的数据基础，大力支撑《中国落实 2030 年可持续发展议程国别方案》。

决策支持方面： 利用建立的模型方法库与生产的数据产品，聚焦 SDG 15.1.1、15.1.2、15.3.1、15.4.2 与 15.5.1，开展面向 SDG 15 的指标评价与监测，形成评价或评估报告，为区域发展提供决策支持与发展建议。

表 7-2　案例名称及其主要贡献

指标	案例	贡献
15.1.1 森林面积占陆地总面积的比例	东南亚区域森林覆盖制图	数据产品：30 m 中南半岛（越南、老挝、柬埔寨、泰国、缅甸）1990～2018 年（5 年或 10 年更新）森林覆盖数据集
15.1.2 保护区内陆地和淡水生物多样性的重要场地所占比例，按生态系统类型分列	全球国家公园保护优先性评估	决策支持：全球国家公园保护优先性评估报告
	中国森林保护比例指标	数据产品：中国森林生态系统保护关键区域数据集，中国森林生态系统保护现状与保护空缺数据集
		决策支持：评估中国森林生态系统被自然保护地覆盖的比例
	中国钱江源国家公园保护地有效性评估	数据产品：钱江源国家公园生态系统数据集、钱江源国家公园生物多样性数据集
		决策支持：钱江源国家公园生物多样性保护与管理对策

续表

指标	案例	贡献
15.3.1 已退化土地占土地总面积的比例	全球土地退化评估	数据产品：全球土地退化分布数据集 方法模型：全球土地退化地球大数据评估方法体系 决策支持：2000～2015 年全球土地退化国别评价报告
	中亚土地退化监测与评估	数据产品：典型干旱区评价新数据源 方法模型：适用于内陆干旱区土地退化精准评价的新评估方法体系 决策支持：确定了中亚土地退化区域，为实施 LDN 倡议恢复计划提供决策参考
	蒙古国及中蒙铁路沿线土地退化监测与防控	数据产品：30 m 空间分辨率的 1990～2015 年蒙古国以及中蒙铁路沿线土地退化数据 决策支持：分析中蒙铁路沿线（蒙古国段）土地退化驱动力、发现了土地退化重点区域、提出了土地退化防控建议
15.4.2 山区绿化覆盖指数	"一带一路"沿线国家和地区山区绿化覆盖指数	数据产品："一带一路"沿线地区山区绿化覆盖指数数据集 方法模型：发展了格网尺度的山区绿化覆盖指数计算模型，能够体现山地浓缩环境梯度和高时空异质性特征 决策支持："一带一路"沿线地区山区绿化覆盖指数评估报告
15.5.1 红色名录指数	中国受威胁物种红色名录指数评估	数据产品：中国物种红色名录指数数据
	大熊猫栖息地的破碎化评估	数据产品：全国大熊猫栖息地的现状分布数据，近 40 年全国大熊猫栖息地变化数据 决策支持：大熊猫栖息地的演变特征与保护建议

案例分析

东南亚区域森林覆盖制图

尺度级别：区域
研究区域：东南亚

　　森林作为固碳量最大的陆地生态系统，为人类生存和发展提供了重要的产品和服务。了解森林资源的变化对于制订有效的政策和管理举措，以及指导公共和私人资金投入十分必要。保障充足的森林资源为未来几代人提供社会、经济和环境的功用更是实现可持续发展的必要条件。目前，森林覆盖制图在时间分辨率和空间分辨率上仍存在若干局限性，难以准确检测到被砍伐的森林以及新建设的林地。通过开展高分辨率高精度森林制图可以克服这些困难，为森林资源的可持续发展提供数据支持。

对应目标

15.1 到2020年，根据国际协议规定的义务，保护、恢复和可持续利用陆地和内陆的淡水生态系统及其服务，特别是森林、湿地、山麓和旱地

对应指标

15.1.1 森林面积占陆地总面积的比例

方法

　　以东南亚中南半岛为例，通过谷歌地球引擎（Google Earth Engine，GEE）地理云计算平台和多源多时相遥感数据实现林地提取。东南亚地区地处热带，云雨天气较多，光学遥感数据受云污染严重，本研究设计了一套 MODIS 和 Landsat 自动对比算法，充分利用 MODIS 数据的高重返周期，有效滤除云处理后效果较差的 Landsat 影像，避免人工检查大量影像。然后，以自动筛选后的 Landsat 为主要数据源，通过 GEE 平台进行多时相数据的融合，减少传感器、成像条件等因素的干扰，生成稳定的 NDVI 序列，进而建立规则实现植被类型提取。最后，依据地面调查样点以及高分辨率谷歌地球（Google Earth）影像目视解译结果构建分类样本库，融合 Landsat 及 Sentinel-2 的多波段数据，对植被类型进行细分，

实现森林的提取。结果验证通过 Google Earth 高分辨率图像以及野外采样数据完成。本研究有效地改善了单时相影像森林信息提取中的误差并进一步提高其精度，并实现森林信息快速提取。

所用数据

◎ 森林覆盖制图主要利用 Landsat 系列遥感影像、MODIS 影像（NBAR 产品）和 Sentinel-2 光学影像。

◎ 验证数据主要包括 Google Earth 高分辨率影像和野外采样数据。

结果与分析

图 7-1 展示了中南半岛 2018 年森林提取结果，包括森林主要分布区以及近 3 年内发生林地变化（林地砍伐、森林火灾和新增林地等）的区域，并统计了中南半岛 5 国以及全区的森林面积占陆地总面积的比例。总体来看，该区域保持较高的森林面积，其中老挝林地面积比例最高，柬埔寨最低，只有老挝的一半。其主要原因在于柬埔寨海拔相对较高，存在大面积的稀疏林，树木稀少，以杂草为主，本研究将这些区域排除在森林范围之外。通过对比林地变化检测结果和最近几年的高分辨率 Google Earth 历史影像，发现林地变化主要由人类活动引起。比如，在越南和泰国，主要以人工林的砍伐和种植引起，在老挝和柬埔寨，则是由采矿采石导致。

成果要点

◦ 获得 30 m 中南半岛 1990～2018 年森林覆盖数据集。

◦ 发现中南半岛森林资源丰富，其中老挝林地面积比例最高，柬埔寨最低，人工林的砍伐、采矿采石等人类活动是引起该区域林地变化的主要因素。

展望

将森林提取算法推广到东南亚其他国家，并实时发布和更新（例如每 3～5 年）东南亚高分辨率高精度森林遥感产品。

利用实时更新的森林遥感产品，确定森林面积及变化状况，开展"15.1.1 森林面积占陆地总面积的比例"指标监测与度量。

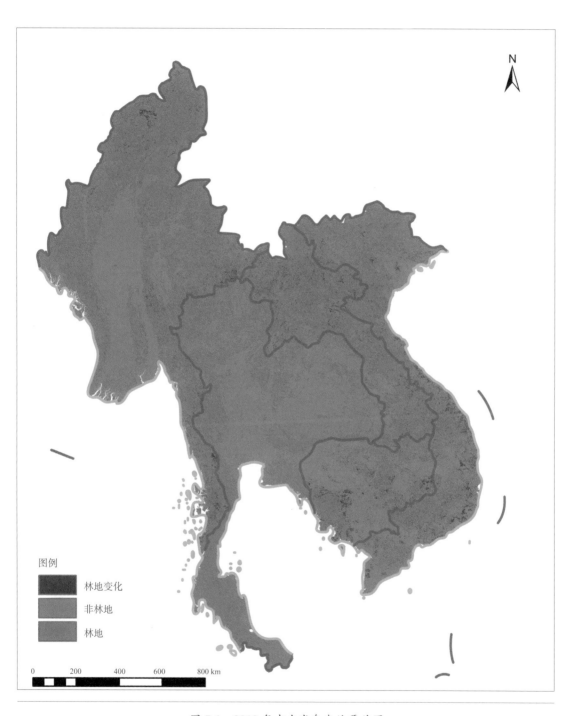

图 7-1 2018 年中南半岛森林覆盖图

全球国家公园保护优先性评估

尺度级别：全球
研究区域：全球

保护区优先性评估要求在现有国家财政资源的前提下、最大限度地提升保护区保护成效和科学管理水平，有助于生态文明建设，长期确保全球生态安全和人类福祉。中国是生态文明建设负责任大国，自党的十八届三中全会提出"建立国家公园体制"以来，建立以国家公园为主体的自然保护地体系已经上升为国家意志，2020 年将设立一批国家公园。目前，中国政府已经建成三江源、大熊猫、东北虎豹、湖北神农架、钱江源、南山、武夷山、海南热带雨林、普达措和祁连山 10 处国家公园体制试点，涉及青海、吉林、黑龙江、四川、陕西、甘肃、湖北、福建、浙江、湖南、云南、海南等 12 个省，总面积约 22 万 km²。

自美国 1872 年建立全球首个国家公园以来，全球已有约 218 000 个保护区，面积约为 5500 万 km²，占地球陆地表面积的 15% 左右。国家公园是保护区中最重要的一个类型，目前全球有国家公园 5517 个，面积约为 330 万 km²，国家公园占保护区的数量比和面积比分别为 3% 和 6%。量化保护优先性需要监测保护区的状态、压力和反馈三个方面的多个参数指标，并量化它们的相互关系。为了借鉴全球国家公园的先进理念和先进经验，本案例对全球 Top 500 国家公园和中国 10 处国家公园体制试点区的保护优先性进行评估。

对应目标

15.1 到2020年，根据国际协议规定的义务，保护、恢复和可持续利用陆地和内陆的淡水生态系统及其服务，特别是森林、湿地、山麓和旱地

对应指标

15.1.2 保护区内陆地和淡水生物多样性的重要场地所占比例，按生态系统类型分列

方法

本案例融合全球保护区数据、全球遥感监测数据、全球人口数据、全球灯光数据、全球道路数据等多源数据，采用压力 – 状态 – 响应模型，对涉及 15.1.2 的保护区保护优先性进行定量估算。为方便不同区域间的比较，采用"保护优先性指数"作为保护优先衡量标准。

所用数据

◎ 遥感数据及相关产品包括全球地表覆盖产品（GlobCover 2009）、全球夜间灯光指数产品（DMSP-OLS）、世界保护区数据库（WDPApo l2018）、全球道路分布数据（gROADSv1，1980～2010 年）、全球人口密度格网数据（GPWv4）、全球贫困人口分布、全球年均PM2.5 格网数据（2009～2011 年）和中国国家公园体制试点区分布图等。

结果与分析

　　全球 Top 500 国家公园，总面积为 130 万 km²，占全球国家公园总面积的 39.4%。这些国家公园分布于 82 个国家，约 60%（面积比）分布于南美洲和非洲，34% 分布于亚洲、大洋洲和北美洲，6% 分布于欧洲（表 7-3）。

表 7-3　国家公园数量和面积排名前 20 的国家

排名	国家	公园数量 / 个	国家	公园面积 / 万 km²
1	澳大利亚	63	巴西	27.1
2	巴西	45	中国 *	22.4
3	加拿大	35	澳大利亚	22.1
4	泰国	22	加拿大	13.3
5	美国	21	委内瑞拉	11.2
6	俄罗斯	19	刚果民主共和国	9.1
7	哥伦比亚	16	蒙古国	8.7
8	委内瑞拉	14	智利	8.2
9	蒙古国	13	俄罗斯	7.9
10	智利	11	玻利维亚	7.5
11	中国 *	10	阿尔及利亚	7.2
12	玻利维亚	10	哥伦比亚	6.5
13	赞比亚	10	印度尼西亚	6.4
14	阿根廷	9	美国	6.2
15	喀麦隆	9	赞比亚	5.9
16	印度尼西亚	9	坦桑尼亚	5.1
17	印度	9	博茨瓦纳	4.6
18	刚果民主共和国	8	瑞典	3.9
19	埃塞俄比亚	8	秘鲁	3.6
20	坦桑尼亚	8	中非共和国	3.2

注：按照世界自然保护联盟的保护区六大类型中的第 Ⅱ 类（国家公园）进行统计。
　　* 中国为国家公园体制试点区

全球 Top 500 国家公园中，土地景观类型包括阔叶林（81.9 万 km^2）、针叶林（14.5 万 km^2）、针阔混交林（5.1 万 km^2）、灌丛（36.9 万 km^2）、草地（33.1 万 km^2）、湿地（4.3 万 km^2）、农田（2.5 万 km^2）、其他植被（12.2 万 km^2）、水体（7.5 万 km^2）、永久冰雪（8 万 km^2）、裸地（23.4 万 km^2）和建设用地（300 km^2）等。

全球 Top 500 国家公园中，优先保护级高的国家公园面积为 91.7 万 km^2，面积占比为 70.5%。从各洲的分布来看，非洲的高优先级保护国家公园的数量占比高，达 44.7%；北美的高优先级保护国家公园的数量占比低，只有 30.6%（图 7-2）。

成果要点

○ Top 500 国家公园约占全球国家公园总面积的 39.4%，其中保护优先级别高的国家公园的面积占比为 70.5%。中国国家公园建设起步晚，但更注重顶层设计，规范建设，实行最严格保护。地球大数据方法将在加强全球国家公园的监测、评价与管理方面发挥重要作用。

展望

未来，将利用地球大数据平台，生产全球湿地保护优先性评估数据集，对全球湿地类型国家公园开展监测与评估。发展和丰富评估模型方法，评估全球投资项目对国家公园生态环境的影响。

深挖地球大数据信息和评估指标，加强对地观测技术在 SDG 15.1.2 评估中的应用，服务于全球可持续发展。

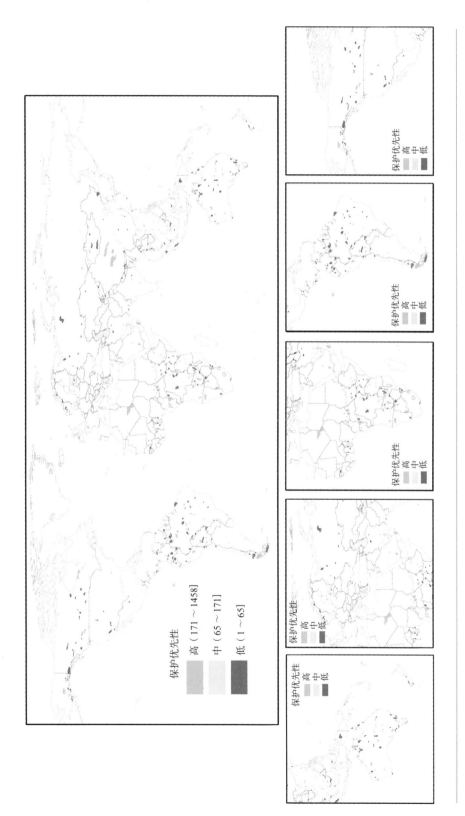

图 7-2 全球国家公园保护优先性排序结果

中国森林保护比例指标

尺度级别：国家
研究区域：中国

森林生态系统对维持物种多样性、生态过程和生态功能有重要的意义，同时还能提供人类生存所必需的重要资源。建立自然保护区是森林生态系统保护的一种最主要方式，但缺乏较高精度的不同类型的森林生态系统分布图。以地球大数据工程的数据与方法为基础，本报告识别出不同类型森林生态系统的分布及其保护关键区，并对其在自然保护区的保护比例进行了分析。

对应目标

15.1 到2020年，根据国际协议规定的义务，保护、恢复和可持续利用陆地和内陆的淡水生态系统及其服务，特别是森林、湿地、山麓和旱地

对应指标

15.1.2 保护区内陆地和淡水生物多样性的重要场地所占比例，按生态系统类型分列

方法

以 30 m 分辨率的中国环境灾害卫星（HJ-1A/B）和美国陆地卫星（Landsat OLI）遥感影像为数据源，在大量地面调查样点构建的分类样本库支持下，采用面向对象的多尺度分割、决策树分类的方法得到生态系统分类图。其中森林生态系统分为针叶林、阔叶林、针阔混交林和稀疏林 4 个二级子类和常绿阔叶林、落叶阔叶林、常绿针叶林、落叶针叶林、针阔混交林和稀疏林 6 个三级子类。以此结果为基础，结合中国植被图进行重新分类，得到了更为详尽的生态系统分类图，其中森林生态系统被分为 343 个子类。

为识别森林生态系统的保护关键区及其保护现状，本报告选取濒危性、特有性、典型性、完整性等一系列指标构建了重要生态系统评价指标体系，将关键生态系统进一步划分为极重要、重要、较重要三个等级，并对森林生态系统及其保护关键区与自然保护区进行叠加，得出中国森林生态系统的保护状况，提出森林生态系统的保护空缺区域。

所用数据

◎ 卫星数据包括 30 m 分辨率的 HJ-1A/B 卫星数据和 Landsat 卫星数据。

◎ 地理空间数据包括 1∶100 万植被图、自然保护区空间分布数据等。

结果与分析

　　研究发现，中国森林生态系统的总体保护比例为 11.0%，但不同森林类型差异较大。三级分类的 6 类森林生态系统，保护比例由低到高为常绿阔叶林、常绿针叶林、针阔混交林、落叶阔叶林、落叶针叶林和稀疏林（图 7-3a）。其中，常绿阔叶林保护比例不足 10%，稀疏林的保护比例最高，为 18.2%（图 7-4）。而 343 类森林中，有的全部得到保护，有的基本没有得到保护。这一结果表明，中国不同类型的森林生态系统保护比例差异较大，保护比例较低的森林需进一步加强保护。

　　森林生态系统保护的关键区域中，极重要、重要、较重要等级的森林在自然保护区的覆盖比例依次为 20.29%、12.58% 和 11.53%，表明重要性较高的森林得到较好的保护，但在云南西北部、西藏西南部、吉林东部和黑龙江北部还存在显著的保护空缺（图 7-3b）。

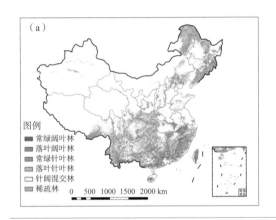 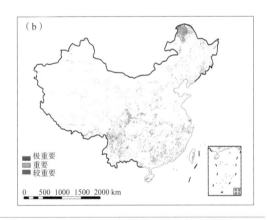

图 7-3　不同类型森林生态系统分布（a）及保护关键区在自然保护区的保护状况（b）

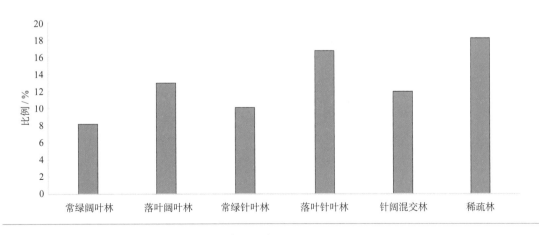

图 7-4　森林生态系统的保护比例

成果要点

- 融合卫星遥感和中国植被图将中国森林生态系统进行重新分类，并与自然保护区进行叠加，选取了濒危性、特有性、典型性和完整性等系列指标评价森林生态系统重要性，结果表明中国重要性较高的森林得到较好的保护，但在部分区域还存在明显的保护空缺。

四川平武县王朗自然保护区森林生态系统

展望

充分考虑遥感光谱信息、现有森林生态系统的分布等信息，可以提高不同类型森林生态系统的分类精度，识别森林保护的关键区域，为森林生态系统保护效果的精确评估提供方法与数据支撑。

本案例的研究结果可为中国自然保护地空间布局优化、森林生态系统保护效率的提升等提供科学支撑，同时，本案例的研究思路与方法可为全球其他地区类似工作的开展提供借鉴，促进全球森林生态系统的保护。

中国钱江源国家公园保护地有效性评估

尺度级别：典型地区
研究区域：中国钱江源国家公园

　　建立保护地，包括国家公园、自然保护区、荒野、社区保护地等多种形式，是阻止全球生物多样性丧失最为重要的途径。评估保护地对生物多样性保护的有效性通常包括两个层面。首先，在全球、区域或者国家尺度上，评估生物多样性关键区域（key biodiversity areas，KBAs）被保护地覆盖的比例，以确保重要的生物多样性分布区被纳入保护地进行管理和保护。其次，在单个保护地尺度上，评估保护地空间规划的合理性和管理的有效性，以确保保护地能有效地保护区内的生物多样性。截至目前，保护地覆盖了全球约15%的陆地和淡水区域。然而，保护地的管理有效性仍然受到保护地内广泛存在的人类活动，以及保护地降级、范围缩小和被撤销（protected area downgrading，downsizing，and degazettement，PADDD）等现象的影响，不能有效发挥生物多样性保护的功能。目前仍然缺少系统的、标准化的监测指标和监测平台，用于监测保护地的管理有效性。

　　钱江源国家公园是中国首批建立的10个国家公园试点区之一，区内保存了大面积、低海拔的地带性常绿阔叶林（图7-6），代表中国独特的植被类型；是中国特有物种、一级保护动物黑麂（*Muntiacus crinifrons*）和白颈长尾雉（*Syrmaticus ellioti*）的集中分布地（图7-6）；同时也是中国东部发达地区（长江三角洲地区）重要的水源涵养地。本案例以钱江源国家公园为例，建立针对保护地管理有效性的评估指标体系，以及相应的生物多样性综合监测平台。

对应目标

15.1 到2020年，根据国际协议规定的义务，保护、恢复和可持续利用陆地和内陆的淡水生态系统及其服务，特别是森林、湿地、山麓和旱地

对应指标

15.1.2 保护区内陆地和淡水生物多样性的重要场地所占比例，按生态系统类型分列

图 7-6   钱江源国家公园低海拔常绿阔叶林（a）、一级保护动物黑麂（b）和白颈长尾雉（c）

方法

本案例从三个方面综合评估保护地的保护管理成效，包括：① 保护地内重点保护生态系统类型的面积和破碎化程度；② 保护地内重点保护动植物物种的种群变化趋势；③ 保护地的生态系统功能，其中森林生态系统以地上生物量和碳储量为主要指标。

针对这三类保护地评估指标，在钱江源国家公园内建立三个生物多样性监测平台（图7-7），以收集评估所需的数据：① 覆盖钱江源国家公园全境的植物多样性监测平台（图7-7a）。将钱江源国家公园划分为 1 km×1 km 的网格，布设 641 个面积大于（或等于）0.04 hm² 样地，对样地内胸径大于 1 cm 的独立木本植物个体挂牌调查，并抽样调查灌木层和草本层的多样性组成。② 覆盖钱江源国家公园全境的动物多样性监测平台（图7-7a）。在钱江源国家公园每个 1 km×1 km 网格内布设一台红外相机，持续监测大中型地栖动物的多样性组成和种群动态。③ 钱江源国家公园全境的遥感监测平台（图7-7b）。通过激光雷达和高光谱遥感技术获取钱江源国家公园全域的森林冠层结构信息，反演植物叶片的重要功能性状。

综合以上三个平台收集的数据信息评估钱江源国家公园的管理有效性，包括：利用植物群落动态样地监测数据和遥感数据，对钱江源国家公园森林群落分类，计算亚热带常绿阔叶林的面积和破碎化指数；基于动物多样性监测平台收集的红外相机调查数据，采用N 混合模型（N-mixture）估算该区域范围内黑麂和白颈长尾雉的相对多度及其年际变化趋势；基于植物群落动态样地监测数据，估计样地内的森林生态系统的地上生物量和碳储量，并结合遥感技术估计整个国家公园森林生态系统的生物量和碳储量。

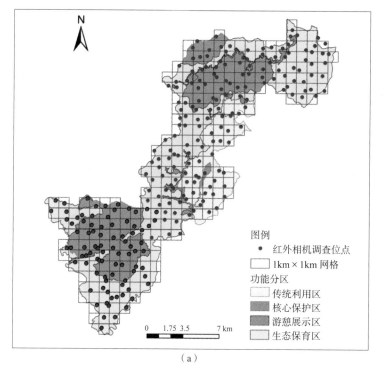

（a）

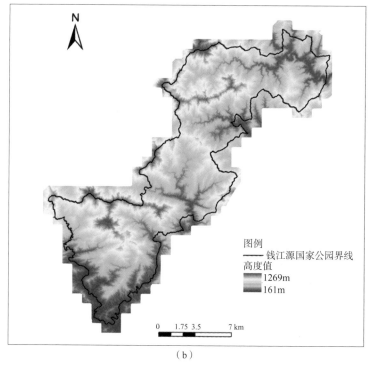

（b）

图 7-7　钱江源国家公园全境植物群落动态样地监测平台和全境的动物多样性监测平台（a）
以及全境遥感监测平台（b）的数字表面模型

15 陆地生物 **所用数据**

◎ 地面调查数据包括钱江源国家公园公里网格的 641 个 ≥ 0.04 hm² 的森林样地及红外相机
监测数据。

◎ 遥感数据包括航空遥感的点云数据、高光谱数据和正射影像数据。

15 陆地生物 **结果与分析**

（1）钱江源国家公园内的常绿阔叶林面积为 5827.1 hm²，占公园总面积的 23.1%，其
中 89% 的面积分布在核心保护区和生态保育区。常绿阔叶林最大斑块面积占核心保护区面
积的 16.4%。人工林面积占国家公园总面积的 26%。钱江源国家公园毗邻地区尚有大面积
常绿阔叶林老龄林分布。

（2）基于样地调查的结果推算，森林碳储量的平均值为 86.2 mg/hm²，主要分布范围
在 75 ~ 100 mg/hm²。老龄林的地上碳储量最大，为 228.5 mg/hm²，30 年前被采伐后天然更
新的次生林碳储量最小，为 18.1 mg/hm²，老龄林的碳储量是次生林碳储量的 12.6 倍。

（3）国家公园内有黑麂适宜栖息地 4250 hm²，占公园总面积的 16.9%。其中，69.3%
和 30.4% 的适宜栖息地位于核心保护区和生态保育区。钱江源国家公园功能分区合理，能
有效保护区内黑麂的适宜栖息地（图 7-8a）。

（4）2014 ~ 2017 年，黑麂的种群数量明显下降，白颈长尾雉的种群数量上升（图 7-8b、
图 7-8c）。

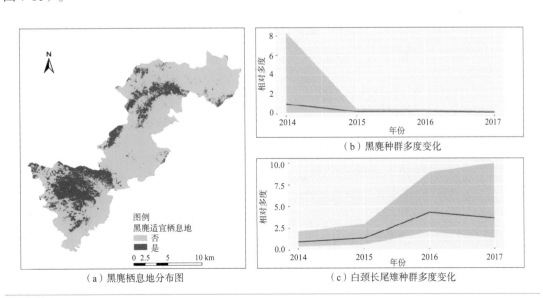

（a）黑麂栖息地分布图　　　　　　　　　　（c）白颈长尾雉种群多度变化

图 7-8　钱江源国家公园黑麂栖息地分布图（a），
以及 2014 ~ 2017 年黑麂种群多度变化图（b）和白颈长尾雉种群多度变化图（c）

（5）评估结果显示钱江源国家公园的功能分区合理，但重点保护动物黑麂的种群数量下降，需要持续的监测与保护。开展跨区的合作以保护毗邻地区的常绿阔叶林和濒危动物栖息地，以及对区内人工林进行生态修复，是提高钱江源国家公园保护有效性的关键措施。

成果要点

○ 基于三个生物多样性监测平台，实现钱江源国家公园三类评估指标监测。发现重点保护生态系统——常绿阔叶林主体分布在核心保护区和生态保育区（89%），重点保护动物黑麂适宜栖息地有 69.3% 和 30.4% 位于核心保护区和生态保育区，表明钱江源国家公园的功能分区合理。

○ 监测发现白颈长尾雉的种群数量上升，重点保护动物黑麂的种群数量下降，需要持续的监测与保护。开展跨区合作以保护毗邻地区的常绿阔叶林和濒危动物栖息地，是提高钱江源国家公园保护有效性的关键措施。

展望

加强本案例方法的区域推广。在应用于其他类型的保护地时，需针对特定保护地的生态系统类型和特征以及具体的保护对象，选取适宜的评估指标。

建立长期的、标准化的生物多样性综合监测平台，为评估提供所需的数据。结合卫星遥感、近地面遥感、红外相机等监测技术，辅以地面调查，快速获取较大区域尺度的监测数据。

深度挖掘近地面遥感与地面观测数据的关联，开发新的指标反演生物多样性格局，加强"空天地"一体化生物多样性监测平台在保护地有效性评估中的应用，提高保护地管理有效性评估的准确性和时效性。

建议采用标准化的方法和指标体系监测和评估保护地的管理有效性，对保护地间的保护成效进行比较，并整合多个保护地评估数据，以开展区域和全球尺度保护地的有效性评估。

全球土地退化评估

尺度级别：全球
研究区域：全球

    土地退化是全球面临的最为严重的生态环境问题之一，直接危害着全球 32 亿人的生存发展，气候变化与人口增长将会进一步加剧其危害。利用地球大数据优势，发展全球可比较、区域有特色的土地退化评估方法，开展不同尺度（全球、区域、国家）土地退化评估，进而掌握土地退化的分布及严重程度具有重要意义。

对应目标

15.3 到 2030 年，防治荒漠化，恢复退化的土地和土壤，包括受荒漠化、干旱和洪涝影响的土地，努力建立一个不再出现土地退化的世界

对应指标

15.3.1 已退化土地占土地总面积的比例

方法

    选取土地覆盖、土地生产力与土壤碳 3 个子指标，利用全球尺度地球大数据与产品，参考《联合国防治荒漠化公约》（UNCCD）发布的《SDG 15.3 评估良好实践指南》，开展了全球尺度 2000 ～ 2015 年（SDG 15.3 评估基准年）土地退化/恢复评估。土地覆盖子指标通过分析两期"气候变化行动"（CCI）土地覆盖动态变化完成评估，土壤碳子指标基于联合国政府间气候变化专门委员会（IPCC）评估中的土地覆盖变化导致土壤碳变化进行评估，土地生产力指标通过分析 2000 ～ 2015 年数据的趋势、状态及表现进行评估。其中，土地生产力指标通过分析 2000 ～ 2015 年平均增强型植被指数（enhanced vegetation index，EVI）的趋势、状态及表现进行评估，趋势定义年平均增强型植被指数显著增加与降低（α =0.1）为恢复与退化，表现的基准通过全球生态分区与土地覆盖交叉分区并寻找确认，三个指标基于 1 OAO（1 Out All Out）原则进行综合。

所用数据

◎ 2000 年、2015 年全球土地覆盖数据，欧洲空间局（ESA）CCI 提供，空间分辨率 300 m。

◎ 2000～2015 年全球增强型植被指数，美国国家航空航天局提供，空间分辨率 250 m。

◎ 全球土壤有机质数据（0～30 cm），国际土壤参比和信息中心（ISRIC）提供，空间分辨率 250 m。

◎ 全球生态分区数据（2017 年）。

结果与分析

2000～2015 年是 UNCCD（土地退化零增长科学概念框架，LDN-SCF）指定的基准年。土地退化零增长后期的评估要以此为基础。因此，分析 2000～2015 年不同尺度土地退化、土地恢复及零增长情况意义重大。土地退化综合评估结果如图 7-9 所示。从空间分布来说，土地退化主要发生在中亚、澳大利亚西部、北美北部及南美中部，恢复主要发生在中国、印度及欧洲国家。

统计发现，总体上全球土地恢复面积大于土地退化面积，但其空间分布上存在较大差异；从国别尺度上来看，2000～2015 年全球 195 个国家中共计有 148 个国家土地恢复面积大于土地退化面积，持平的国家 15 个，土地退化多于土地恢复的国家 32 个，因此可以说 2030 年实现 SDG 15.3 仍面临着严重挑战。中国土地恢复面积大于土地退化面积，净恢复土地面积（恢复面积减退化面积）116.97 万 km²，从地球大数据角度表明中国"提前实现土地退化零增长"。中国土地净恢复比例全球占比 18.24%（世界第一），为全球土地退化零增长做出了重要贡献。

成果要点

- 全球土地退化问题仍然非常突出，全球仍有 32 个国家土地退化面积大于土地恢复面积，2030 年实现 SDG 15.3 面临严重挑战。

- 中国提前实现土地退化零增长，土地净恢复面积全球占比 18.24%，位居世界第一，为全球土地退化零增长做出了重要贡献。

展望

指标空间分辨率较低是全球 SDG 15.3.1 评估的主要障碍，后期将在地球大数据支撑下开展高分辨率评估指标数据集生产（优于 30 m）。

土地生产力的变化趋势受气候因素影响较大，需要发展相应校正方法，提供分离气候效应波动影响的土地生产力评估方法。

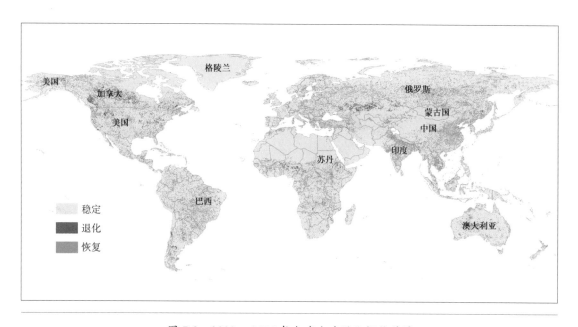

图 7-9　2000～2015 年全球土地退化评估结果

中亚土地退化监测与评估

尺度级别：区域
研究区域：中亚

中亚地区生态环境脆弱，是极受关注的干旱地区。随着全球气候变化和人类活动（水土开发、矿产资源开发、交通和能源通道建设、新兴城镇建设等）的加剧，该区域土地退化风险加大，土地退化防治是该区域生态安全和社会经济可持续发展的重要内容与根本保障。

对应目标

15.3 到2030年，防治荒漠化，恢复退化的土地和土壤，包括受荒漠化、干旱和洪涝影响的土地，努力建立一个不再出现土地退化的世界

对应指标

15.3.1 已退化土地占土地总面积的比例

方法

本案例使用综合指标土地退化指数（land degradation index，LDI）评估土地退化，基于多指标几何平均方法计算得到 LDI 时间序列数据用于监测土地退化过程。采用《联合国防治荒漠化公约》提议的趋势、表现和状态三种衡量方法评估土地退化。

所用数据

◎ MODIS 数据产品，欧洲空间局的 CCI 土地覆被数据集和美国农业部的土壤分类数据。

◎ 评估指标体系数据集包括归一化植被指数（NDVI）、反照率（albedo）、地表温度（LST）、温度－植被干旱度指数（TVDI）和修正型土壤调节植被指数（MSAVI）。NDVI、反照率和 LST 分别来自 MOD13A1、MCD43A3 和 MOD11A2 数据集。MSAVI 和 TVDI 数据集由 CASEarth 提供。

结果与分析

　　大部分土地退化发生在中亚西部，土地改善区域主要集中在中亚东部。咸海周边的土地退化比其他区域严重。中亚土地退化面积占总面积的 4.97%，而土地改善占总面积的 5.32%。哈萨克斯坦和吉尔吉斯斯坦的土地退化比例分别为 5.35% 和 6.92%，均大于该国的土地改善面积。乌兹别克斯坦、塔吉克斯坦和土库曼斯坦土地改善比例分别为 8.75%、11.68% 和 5.75%，均高于该国的土地退化面积。

　　中亚五国间的土地退化相比较，塔吉克斯坦和吉尔吉斯斯坦的土地退化比例均高于其他国家。土库曼斯坦土地退化比例最低，为 1.67%。土库曼斯坦和乌兹别克斯坦的土地改善比例均高于其他国家。吉尔吉斯斯坦的土地改善比例最低，为 4.09%（图 7-10）。

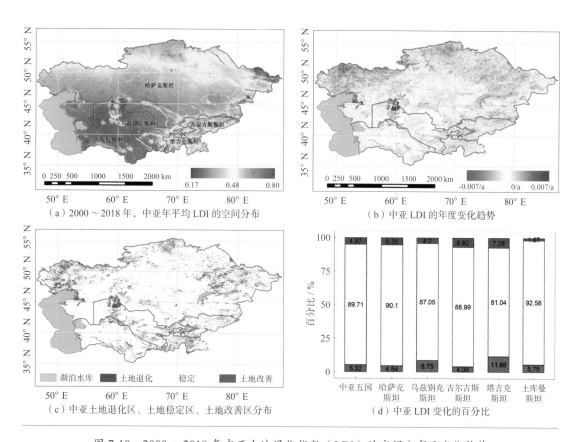

（a）2000～2018 年，中亚年平均 LDI 的空间分布

（b）中亚 LDI 的年度变化趋势

（c）中亚土地退化区、土地稳定区、土地改善区分布

（d）中亚 LDI 变化的百分比

图 7-10　2000～2018 年中亚土地退化指数（LDI）的空间分布及变化趋势

成果要点

○ 2000～2018年，中亚土地退化区域主要发生在西部，土地改善区域集中在东部，咸海周边的土地退化较为严重。

○ 中亚土地退化面积占总面积的比例为4.97%。哈萨克斯坦和吉尔吉斯斯坦的土地退化面积比例较高，分别为5.35%和6.92%。

展望

　　本案例基于地球大数据新技术和模型，提出了适用于内陆干旱区土地退化精准评价的新评估方法体系，可提供SDG 15.3.1指标典型干旱区评价新数据源。

　　建议土地退化的区域可作为实施恢复计划的主要目标，为政府实施土地退化中性倡议恢复计划提供决策参考。

　　建议结合驱动因素，探讨土地退化过程的主要驱动力，尤其在咸海周边区域。

这里曾经是咸海海域

蒙古国及中蒙铁路沿线土地退化监测与防控

尺度级别：国家
研究区域：蒙古国

　　蒙古国是全球土地退化问题的热点区域，其愈加严峻的土地退化趋势对整个蒙古高原及其毗邻地区的生态系统产生直接影响，由其所引起的环境变化也不可避免地对中蒙俄经济走廊的交通基础设施建设和本区域可持续发展带来风险。如何快速、精准地获得蒙古国土地退化现状和动态，是科学、系统地解决这一区域土地退化问题的关键。

对应目标

15.3 到2030年，防治荒漠化，恢复退化的土地和土壤，包括受荒漠化、干旱和洪涝影响的土地，努力建立一个不再出现土地退化的世界

对应指标

15.3.1 已退化土地占土地总面积的比例

方法

　　本案例使用王卷乐等（2018）研制的蒙古国 30 m 分辨率土地覆盖产品的遥感分类体系，首次获得 1990 年、2010 年、2015 年蒙古国 30 m 分辨率的荒漠化类型土地覆盖数据，分析 1990 年、2010 年、2015 年蒙古国荒漠化类型土地分布情况，并在 GIS 空间分析模块的技术支持下，分别将 1990 年、2010 年和 2015 年三期土地覆被数据进行叠加运算，得到蒙古国 1990 ~ 2010 年和 1990 ~ 2015 年的土地利用变化图；同时，建立中蒙铁路（蒙古国段）两侧 5 km、10 km、30 km、50 km、100 km、200 km 缓冲区，裁剪得到 1990 年、2010 年、2015 年中蒙铁路沿线（蒙古国段）荒漠化类型土地分布数据与 1990 ~ 2010 年和 1990 ~ 2015 年中蒙铁路沿线（蒙古国段）土地退化数据，梯级分析近 25 年来中蒙铁路沿线（蒙古国段）土地退化情况。

所用数据

◎ 遥感数据包括：Landsat-TM 和 Landsat-OLI 影像数据，影像成像时间为 1990 年、2010 年和 2015 年的 6 ~ 9 月。

◎ 辅助数据包括：蒙古国 DEM 和坡度数据、蒙古国行政区划数据、年平均气温、年平均降水量、农业用地面积统计数据、人口统计数据、牲畜统计数据、中蒙铁路两侧 200 km 缓冲区矢量数据等。

结果与分析

整体来看，蒙古国荒漠化土地类型分布具有明显的过渡性，新增土地退化区域空间分布具有较强的地带性，主要分布在蒙古国西北部、中部和东北部，呈现出土地退化程度由东北向西南和由北向南逐步加重的趋势。截至 2015 年，中蒙铁路沿线（蒙古国段）荒漠化土地类型面积约占总面积的 47.49%。荒漠化土地类型分布具有明显的过渡性，由南向北依次为裸地、荒漠草地和无荒漠化区域。荒漠化土地类型区域主要分布在南部，但呈现出向北扩展，面积增大的趋势（图 7-12）。

自然因素和社会经济因素共同叠加促进了中蒙铁路沿线（蒙古国段）土地退化进程。其中，温度波动大、降雨减少等是土地退化的诱发因素，超载放牧、人口迁移、基础设施建设、不合理的矿产开采、局部过度开垦农田和快速城镇化加速了土地退化进程。建议合理规划农田开垦方案，控制农业用地增长速度；合理规划城市建设方案，加强城市建设用地集约化利用；提高采矿企业的采矿技术工艺，提高采矿业准进门槛；合理规划牲畜养殖结构，合理搭配牲畜养殖种类；提高区域应对气候环境变化与生态风险防控能力，促进中蒙俄经济走廊的可持续发展。

成果要点

- 蒙古国近 25 年来土地退化程度呈现出由东北向西南、由北向南逐步加重的趋势。新增土地退化区域分布具有较强的地带性，主要分布在西北部、中部与东北部。

- 中蒙铁路沿线（蒙古国段）呈现出土地退化区域向北扩展的趋势，自然因素与社会经济因素共同叠加促进了该区域的土地退化进程。

展望

依据多种特征空间模型与不同地理区域的适用性关系与植被覆盖度特点，分别在蒙古国中央省及其北部区、蒙古高原东部和南部戈壁区三大地理分区构建反照率-NDVI（normalized difference vegetation index，归一化植被指数）、反照率-MSAVI（modified soil adjusted vegetation index，修正型土壤调节植被指数）、反照率-TGSI（topsoil grain size index，表土粒度指数）特征空间模型，完成中蒙铁路沿线（蒙古国段）荒漠化信息精细提取。

发布更新的土地退化数据产品，为蒙古国土地退化防治提供数据支持。针对中蒙俄经济走廊蒙古国与中蒙铁路沿线（蒙古国段）土地退化显著与退化敏感区域，提出土地退化风险防控策略建议。

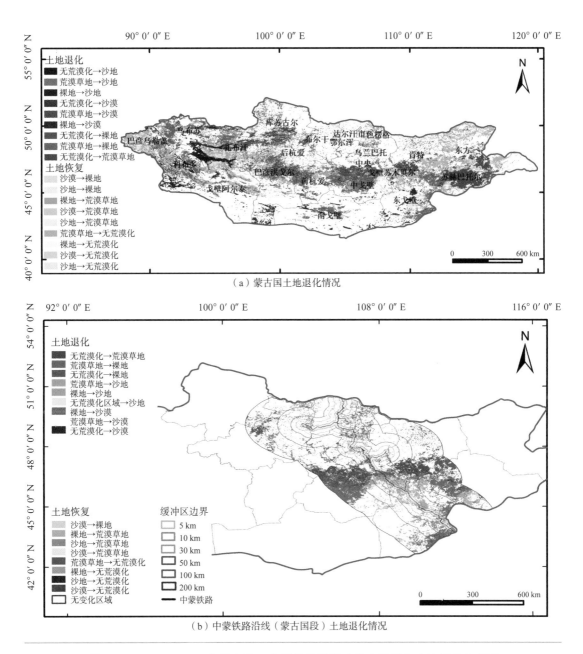

（a）蒙古国土地退化情况

（b）中蒙铁路沿线（蒙古国段）土地退化情况

图7-12 1990～2015年蒙古国、中蒙铁路沿线（蒙古国段）土地退化分布图

"一带一路"沿线国家和地区山区绿化覆盖指数

尺度级别：区域
研究区域："一带一路"沿线国家和地区

　　山地是具有一定海拔和坡度的陆地表面单元，同时具有垂向的突出性和水平的延伸性。根据联合国环境规划署世界保护监测中心（UNEP WCMC）的山地界定标准，全球约24%的陆地面积为山地。山地具有集中而丰富的生物气候垂直带谱，在维持生物多样性、调节区域气候和涵养水源等方面具有重要的生态服务功能，是社会发展的资源基地和重要的生态屏障。山区绿化覆盖指数定义为山地所有绿色植物，包括森林、灌丛、林地、牧场、农田等面积与山地所在区域总面积的比值。被国际山地科学委员会（International Mountain Science Committee）认定为是反映山区生态环境保护状态的一个重要指标而被选进SDG 15指标体系中。当前比较一致地认为，山区绿化覆盖指数和山区生态系统健康状态、山区生态系统功能之间有着直接的联系。通过对一段时间内山区绿化覆盖指数的监测，可以诊断出山地生态系统的保育能力和健康状态，可以为森林、林地和通常的绿色植被管理提供有效信息。连续多年的指数变化则能反映出该地区植被健康状况的变化。例如绿化覆盖指数的下降，将意味着过度放牧、植被破坏、城市化、毁林、伐木、收集薪柴、火灾等众多的植被破坏行为。相应地，绿化覆盖指数的增加则应归结为植被的积极恢复，如有效的水土保持、植树造林或森林的工程恢复等。

　　"一带一路"倡议涉及众多多山国家，六大经济走廊穿越众多山脉，如中巴经济走廊穿越了喀喇昆仑山脉、兴都库什山脉、帕米尔高原、喜马拉雅山脉西端，地形十分复杂，生态环境较为脆弱，需要采用遥感技术进行精细化的山区绿化覆盖指数提取。采用地球大数据方法，对"一带一路"沿线国家、地区和经济走廊山区绿化覆盖指数进行精细化监测与评价，对倡议区域生态环境保护与绿色可持续发展具有十分重要的意义，可对SDGs的实现提供技术、方法和决策支撑。

对应目标

15.4 到2030年，保护山地生态系统，包括其生物多样性，以便加强山地生态系统的能力，使其能够带来对可持续发展必不可少的益处

对应指标

15.4.2 山区绿化覆盖指数

方法

融合 MODIS、Landsat 等多源卫星地表反射率数据、NDVI 数据、UNEP WCMC 山地类型数据、中国数字山地类型数据、ASTER GDEM 数据、地球大数据工程生态系统类型等多源数据，采用影像分割、多分类器耦合植被信息提取模型、山地表面积计算模型、空间统计模型等方法，对涉及 SDG 15.4.2 的三个数据指标——植被分布、山地类型与山地表面积、格网单元等进行提取，并以"一带一路"倡议的六大经济走廊和六个典型山地国家（中国、塔吉克斯坦、吉尔吉斯斯坦、哈萨克斯坦、乌兹别克斯坦和土库曼斯坦）为案例区进行山区绿化覆盖指数监测。

采用公里格网作为基本计算单元体现山地垂直地带性和高度时空异质性特征，并依据 SDG 15.4.2 元数据，进行指标计算和空间格局对比分析。

所用数据

◎ MODIS 250 m 地表反射率数据、NDVI、Landsat TM 和 OLI 地表反射率数据。

◎ 地球大数据工程"一带一路"走廊生态系统类型数据、地球大数据工程中亚生态系统类型数据。

◎ ASTER GDEM V2 30 m 数字地形数据、中国 1 km 数字山地数据、UNEP WCMC 500 m 全球山地类型数据。

结果与分析

图 7-13 精细展示了 SDGs 提出基准年 2015 年的"一带一路"倡议走廊尺度和典型山地国家尺度的公里格网级山区绿化覆盖指数空间格局。各区域山地面积比例及平均山区绿化覆盖指数如表 7-4 所示。在经济走廊方面，山地面积比例从高到低依次为：中国 – 中亚 – 西亚（51.44%）、中巴（46.39%）、中国 – 中南半岛（41.89%）、孟中印缅（36.75%）、新欧亚大陆桥（19.85%）和中蒙俄（15.59%）经济走廊。其中，孟中印缅、中国 – 中南半岛和中蒙俄经济走廊平均山区绿化覆盖指数均高于 96%；新欧亚大陆桥和中国 – 中亚 – 西亚经济走廊平均山区绿化覆盖指数相对较低，分别为 64.43% 和 58.47%；中巴经济走廊绿化覆盖指数最低，仅为 33.58%。在经济走廊建设过程中需要重点关注对孟中印缅、中国 – 中南半岛和中蒙俄经济走廊的山地生物多样性保护以及中巴、新欧亚大陆桥、中国 – 中亚 – 西亚经济走廊的生态环境保护与植被恢复。

在国家尺度方面，中国山地面积约占国土总面积的 64.89%（中国数字山地图），平均山区绿化覆盖指数为 89.48%，山区绿化覆盖指数表现出显著的空间异质性特点，其中湿润区山区绿化覆盖指数最高，半干旱区较高，干旱区最低。而"一带一路"沿线中亚五国山地面积约占中亚五国山地总面积的 15.20%，其中塔吉克斯坦和吉尔吉斯斯坦为多山国家，山地面积分别为 93.19% 和 89.20%，山区绿化覆盖指数分比为 43.66% 和 60.04%。山地是干旱区生态与发展的"命脉"。没有山地的生态稳定，就没有干旱区的可持续发展。中亚五国区域气候干旱，山地生态系统脆弱，需重点关注山地生态系统健康的评估与保护。

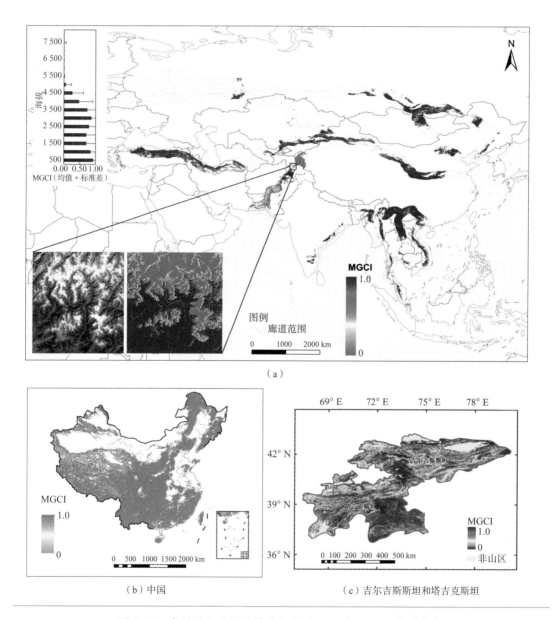

图 7-13　案例区山区绿化覆盖指数（2015 年，1 km 分辨率）

图（a）走廊范围确定方式为，以"一带一路"倡议确定的关键节点和交通线为核心路径，向两侧缓冲 100 km 得到，同时注重地理单元的完整性；图（a）中放大区域显示了中巴经济走廊兴都什山脉 Landsat-8 OLI 影像和本案例提取的山区绿化覆盖指数细节特征；柱状图显示了不同海拔下经济走廊山区绿化覆盖指数统计特征

表 7-4   "一带一路"沿线地区案例区山地面积及山区绿化覆盖指数统计   （单位：%）

类型	区域	山地面积比例 *	平均山区绿化覆盖指数
"一带一路"典型经济走廊	中国－中亚－西亚	51.44	58.47
	中巴	46.39	33.58
	中国－中南半岛	41.89	99.67
	孟中印缅	36.75	99.77
	新欧亚大陆桥	19.85	64.43
	中蒙俄	15.59	96.78
"一带一路"案例国家	中国	64.89	89.48
	塔吉克斯坦	93.19	43.66
	吉尔吉斯斯坦	89.20	60.04
	哈萨克斯坦	15.20	79.89
	乌兹别克斯坦	13.82	65.87
	土库曼斯坦	5.11	49.94

* 中国山地划分及山区绿化覆盖指数计算以中国科学院水利部成都山地灾害与环境研究所中国数字山地图为依据，其余区域以 UNEP WCMC 标准进行山地划分和山区绿化覆盖指数计算。

成果要点

- 发展了格网尺度的山区绿化覆盖指数计算模型，体现了山地浓缩环境梯度和高时空异质性特征。

- 基于地球大数据实现了 2015 年"一带一路"沿线的六大经济走廊和沿线六个典型山地国家山区绿化覆盖指数高分辨率精细化制图。

展望

方法创新层面，将利用遥感卫星获取的植被信息能实现"SDG 15.4.2 山区绿化覆盖指数"的高时间分辨率（天、旬、月、年）和高空间分辨率（250 m 及以上）计算。由于山地生态系统的高度空间异质性和垂直地带性，未来，建议进一步考虑山地的三维空间特征，探索基于星空地多尺度观测和工程化、业务化的指标监测服务模式。

应用推广方面，未来，一方面，可以将案例监测技术推广至全球尺度的长时间序列精细化监测，为发展中国家及全球提供山区绿化覆盖指数变化的监测与评估。另一方面，还应积极挖掘山区绿化覆盖指数与环境保护内涵，揭示山区绿化覆盖指数与气候变化、人类干扰及各环境因子的相互关系，指导区域、国家山地生态环境可持续发展措施的实施。

中国受威胁物种红色名录指数评估

尺度级别：国家
研究区域：中国

由于气候变化和人类活动干扰，全球生物多样性正面临着严峻的威胁。为了评估生物多样性的变化与生物多样性保护的成效，Butchart 等提出了基于物种红色名录的红色名录指数（red list index，RLI）。该指标成为评估物种濒危状况变化趋势的最有效指标，已经被列为联合国千年发展目标的指标之一，在全球尺度的应用取得了很好的效果。中国作为《生物多样性公约》（The Convention on Biological Conservation，CBD）缔约国之一，迄今，针对中国生物多样性变化趋势研究仍十分缺乏。本报告以中国陆生哺乳类、鸟类和高等植物两次全国大规模评估大数据为基础，基于红色名录指数评估，量化及全面反映 21 世纪初至今中国生物多样性的变化状况，并对未来保护重点进行分析。同时，进一步分析引起物种濒危等级变化的威胁因素的组成，为生物多样性研究和制定保护对策提供依据。

对应目标

15.5 采取紧急重大行动来减少自然栖息地的退化，遏制生物多样性的丧失，到2020年，保护受威胁物种，防止其灭绝

对应指标

15.5.1 红色名录指数

方法

核对物种红色名录，保留两个年份均被评估的物种。中国红色名录前后仅评估两次，首次评估是 2004 年，评估了濒危程度较为严重的 4408 种高等植物，2017 年第二次评估了所有高等植物，共计 35 784 种，因此，取其中共同的高等植物 4408 种进行指数分析。按照以下原则去除不参与分析的物种：① 去除异名；② 处理归并物种；③ 去除首次被评估为绝灭的物种；④ 去除两次均为数据缺乏等级的物种（对首次评估中评定为数据缺乏而第二次评估为非数据缺乏等级的物种给予保留）。在这一系列的处理后最终有高等植物 3948 种、鸟类 1213 种及陆生哺乳类 568 种参与红色名录的计算。

所用数据

◎ 中国物种红色名录指数数据来源于 2004 年《中国物种红色名录第一卷：红色名录》、2016 年《生物多样性：中国脊椎动物红色名录专辑》、2017 年《生物多样性：中国高等植物红色名录专辑》。

◎ 物种受威胁因素依据世界自然保护联盟分类标准，相关空间数据来自人类活动相关的地球大数据，包括人口密度、公路、航道入口、电力基础设施以及城市、农田占用面积等空间数据。

结果与分析

1. 物种等级变化情况

2004 年与 2016/2017 年两次物种受威胁等级评估结果表明（图 7-14），高等植物中约 37.4% 的物种等级保持不变，约 47.8% 的物种等级下降，约 7.9% 的物种等级上升，甚至有少量被列为灭绝等级；鸟类受威胁等级极危、濒危、易危数量均有所上升；哺乳动物极危等级数量上升，濒危和易危数量有所下降。

2. 红色名录指数评估

红色名录指数评估的结果表明（图 7-15），对于高等植物而言，首次评估（2004 年）红色名录指数是 0.51，第二次评估（2017 年）红色名录指数为 0.69，红色名录指数呈上升趋势，说明中国高等植物受威胁状况总体趋向变好（图 7-14）。2004 年第一次评估定为受威胁物种后，国家、地方各级生物多样性保护组织、单位采取了许多保护措施，甚至为部

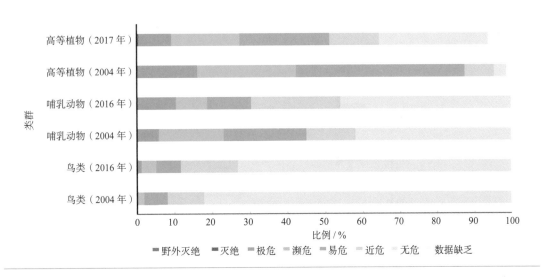

图 7-14　各类群评估等级变化情况

分物种建立不少保护区及保护地以便进行保护。因此，2004年的许多濒危物种得到了有效的保护，一定程度上缓解了其濒危状态，其红色名录指数呈现上升状态。

然而，还有许多濒危物种未在2004年被评为受威胁等级，因此未能得到及时保护，濒危状态变得更加严重。以兰科植物为例，共计1161种兰科植物参与红色名录指数计算，约占兰科植物总数的77.3%，非常具有代表性。其2004年和2017年红色名录指数分别为0.70和0.54，指数下降十分明显，下降率达22.9%。因此，单从这个典型类群来看，这十多年的红色名录指数是下降的，说明中国重要类群兰科植物受威胁状态仍然趋向恶化。

动物类群中，鸟类的物种多样性出现了下降（–1.06%），猛禽表现出了更为显著的下降（–5.56%）；陆生哺乳动物的多样性有所好转（3.21%），但陆生哺乳类中的若干类群，如有蹄类和灵长类的受威胁程度加剧（分别为–18.3%和–12.9%）。

3. 生物多样性丧失的威胁因素

根据世界自然保护联盟标准，将导致生物多样性丧失的威胁因素分为12类，如图7-16所示。生物资源利用和农牧/渔业开发是中国陆生哺乳动物与鸟类共同面临的主要威胁，高等植物更多地面临生态系统变化与生物资源利用的直接威胁。控制这些威胁因素，是扭转种群下降、遏制生物多样性丧失的有效手段。

采用国家的物种红色名录评估的濒危等级计算红色名录指数，相比采用世界自然保护联盟评估的濒危等级，更能反映物种在被评估国家的濒危状况。研究结果揭示了在过去十年内中国生物多样性变化的综合状况，中国高等植物、陆生哺乳动物与鸟类的多样性保护总体形势仍十分严峻，部分类群需要得到重点关注。本报告为有针对性地制定新的保护政策提供了指导，同时也表明了红色名录指数评估方法所具有的潜在评估效力。

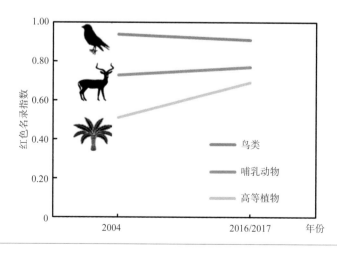

图 7-15　中国物种红色名录指数

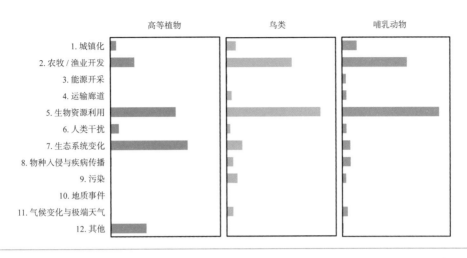

图 7-16　导致中国生物多样性丧失的威胁因素比重

成果要点

- 基于红色名录指数评估发现，2004～2017 年中国高等植物和陆生哺乳动物的红色名录指数呈上升趋势，其濒危状态有所缓解，鸟类的红色名录指数呈下降趋势，濒危状态进一步恶化。

- 生物资源利用和农牧／渔业开发是中国陆生哺乳动物与鸟类共同面临的主要威胁，高等植物更多地面临生态系统变化与生物资源利用的直接威胁。控制这些威胁因素，是扭转种群下降、遏制生物多样性丧失的有效手段。

展望

　　建立针对中国受威胁物种或关键物种的动态监测，从而找到并消除物种濒危因子、促进物种保护将是今后保护生物多样性的有效途径和一项重要工作。

　　中国陆生哺乳动物与鸟类的多样性保护总体形势仍十分严峻，部分类群需要得到重点关注。

　　分析物种受威胁的因素的组成和空间分布，为有针对性地开展濒危物种的保护管理措施提供信息支撑，尽快地扭转生物多样性丧失的态势。

大熊猫栖息地的破碎化评估

尺度级别：典型地区
研究区域：中国西南地区

全国第四次大熊猫调查报告表明，中国目前共有野生大熊猫1864只，相比第二、第三次全国大熊猫调查，成年大熊猫种群数量有较为明显的增加，故世界自然保护联盟于2016年将大熊猫的濒危等级从濒危降到易危（IUCN，2016），但这一降级受到国内外保护学者广泛的质疑：大熊猫是否已经真的不再濒危？目前物种是否濒危的主要依据是物种种群数量，而物种的栖息地变化状况没有得到充分重视。

对应目标

15.5 采取紧急重大行动来减少自然栖息地的退化，遏制生物多样性的丧失，到2020年，保护受威胁物种，防止其灭绝

对应指标

15.5.1 红色名录指数

方法

由于全国四次大熊猫调查的范围、数据收集和分析方法等存在不一致，可能会影响评估结果。因此，本研究选取四次调查的最大调查范围作为研究区域，包括四川、甘肃和陕西三省的56个大熊猫分布县。采用一致的栖息地范围和质量评估方法，结合多年野外调查、GIS和遥感数据，对大熊猫栖息地进行综合分析。

在大熊猫栖息地空间分布评估中，主要使用海拔、坡度和森林覆盖等因素相结合的栖息地机理模型来评估大熊猫栖息地的空间分布，从分辨率为90 m的数字高程模型（DEM）数据提取海拔和坡度等相关数据，从52幅来自中国科学院数据库（http://www.csdb.cn/）和中国遥感卫星地面站的 Landsat MSS/TM 图像，提取森林覆盖类型数据。

在栖息地破碎化评估中，使用 Fragstats 3.3 并选取隔离斑块数量和平均斑块面积对不同年份大熊猫栖息地进行破碎化评估，综合反映自然过程和人类活动因素对斑块的影响。在宏观尺度，由于河流、永久积雪和高等级公路（如国家级公路、省级公路、县级公路）是大熊猫栖息地隔离的主要因素，本案例将大熊猫栖息地和以上隔离因素进行空间叠加分析，分析不同年份栖息地隔离的变化趋势。

在栖息地变化影响因素分析中，综合考虑了生物物理和社会经济等相关因素，如湿度指数、海拔、人口、道路密度、自然保护区比例等。通过构建多元线性回归模型，分析不同因素的贡献。

所用数据

◎ 1976 年、1988 年、2001 年、2013 年四个年份的 Landsat MSS/TM 图像。

◎ SRTM DEM 数据。

◎ 来自国家基础地理信息中心的河流数据，来自交通部门的道路数据，以及人口、经济、自然保护区边界数据等。

结果与分析

大熊猫栖息地评估结果发现，2001～2013 年，尽管发生了汶川大地震这样的重大自然灾害，大熊猫栖息地仍增加了 0.4%，栖息地平均斑块面积增加了 1.8%。这表明从 2001 年以来，中国自然保护区建设、天然林保护工程、退耕还林工程等生态保护与恢复工程的实施促进了大熊猫栖息地面积的增加（图 7-17）。

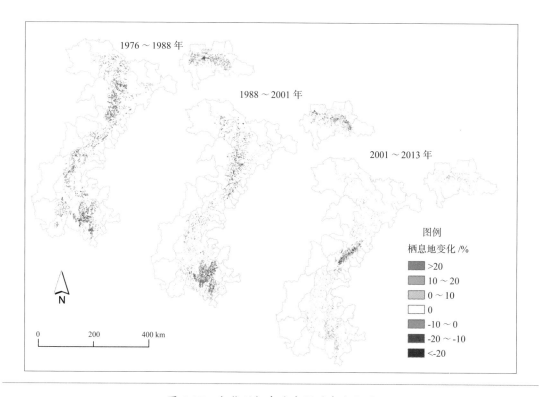

图 7-17　大熊猫栖息地空间动态变化图

但是，从 1967～2013 年近 40 年的时间尺度来看，由于历史上长时间的森林采伐，近年来公路交通等基础设施建设的快速发展，以及地震、泥石流等自然灾害的影响，目前大熊猫栖息地的面积比 1976 年及 1988 年（大熊猫被列为濒危物种）的面积要小，并且更加破碎。由于公路建设等人类活动的影响，2013 年被隔离的大熊猫栖息地单元数是 1976 年的 3 倍（图 7-18），这意味着大熊猫种群间的交流阻碍有较大的增加。

　　研究表明，从种群数量来看，大熊猫从濒危调整为易危是合理的，但从栖息地的变化来看结论并不完全成立。尽管 2001 年以来大熊猫栖息地有所恢复（图 7-19），但目前大熊猫的栖息地比 1988 年大熊猫被列为濒危物种时面积要小，并且更加破碎，大熊猫面临的威胁因素仍然严重。从这方面看，这种调整是不合理的。将来物种濒危等级的评估要综合种群和栖息地两方面的因素。

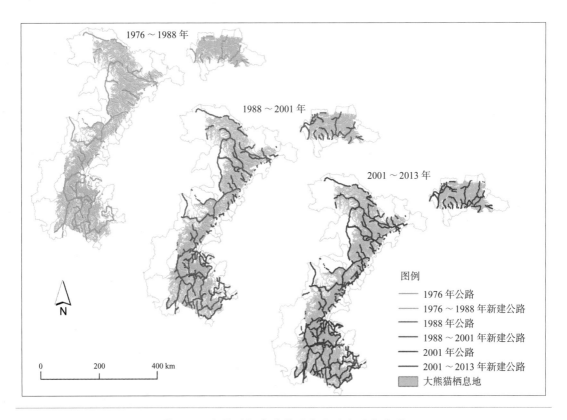

图 7-18　大熊猫栖息地范围内公路交通变化图

大熊猫栖息地

成果要点

◦ 1976～2013 年，虽然大熊猫种群数量增加，但栖息地比 1988 年面积缩小且更加破碎化，单纯以种群数量为依据将大熊猫濒危等级从濒危降到易危是不合理的，物种濒危等级的评估需要综合种群和栖息地两方面的因素。

展望

采用本报告的方法可以更合理地评估大熊猫栖息地的动态变化，为后续的大熊猫保护工作提供有力的方法和数据支撑。

本研究方法可应用于全球其他濒危物种栖息地的评估，分析破碎化以及影响因素，开展 SDG 15.5 "采取紧急重大行动来减少自然栖息地的退化，遏制生物多样性的丧失，到 2020 年，保护受威胁物种，防止其灭绝"。

本章小结

以森林面积、保护区内陆地和淡水生物多样性的重要场地所占比例、土地退化面积、山区绿化覆盖度与红色名录指数共 5 个指标为例，以地球大数据为工具，利用前沿的技术手段与方法，挖掘并综合集成地球大数据，从全球、区域、国家、典型地区四个尺度进行了指标监测与评估的实践，实现了实时动态、精细化、定量和客观的可持续性评价。研发了面向不同尺度的数据产品与模型方法，为开展可持续发展的综合评价提供了有力的支撑。

在已有工作的基础上，未来的工作将继续依托地球大数据技术与方法，在 CASEarth 支持下，开展以下几个方面的工作。

（1）针对 SDG 15.1.1，将森林提取算法推广到东南亚其他国家，实时发布和更新（例如每 3 ～ 5 年）东南亚高分辨率高精度森林遥感产品；利用实时更新的森林遥感产品，确定森林面积及变化状况，持续开展"15.1.1 森林面积占陆地总面积的比例"指标监测与度量。

（2）针对 SDG 15.1.2，持续开展多尺度生物多样性有效保护的监测与评价。面向全球，探索栖息地、人类活动、环境影响与气候变化等指标在综合评估中的融合模式，推进基于对地观测技术的自然资源保护、资源合理利用与社会可持续发展三类指标协同的全时空监测。面向中国区域，充分考虑遥感光谱信息、现有森林生态系统的分布等信息，进一步提高不同类型森林生态系统分布精度，为森林生态系统保护效果的精确评估提供方法与数据支撑。面向典型区，将案例的综合监测平台和保护地评估指标体系应用于其他保护地，提出保护地的差别化保护和管理方案，推进科学合理的自然保护地体系构建。

（3）针对 SDG 15.3.1，持续开展多尺度土地退化监测与评估。面向全球，在地球大数据支撑下开展高分辨率评估指标数据集生产（优于 30 m），研究分离气候效应波动影响的土地生产力评估方法。面向"一带一路"中亚五国地区，探讨土地退化过程的主要驱动因素，尤其是在咸海周边区域。面向中蒙俄经济走廊蒙古国与中蒙铁路沿线地区，研究荒漠化信息提取方法，发布和更新土地退化数据产品，提出土地退化风险防控策略建议。

（4）针对 SDG 15.4.2，面向"一带一路"山区，建议考虑山地的三维空间特征，探索基于星空地多尺度观测的工程化、业务化的指标监测模式。将案例监测技术推广至全球尺度的长时间序列精细化监测，为发展中国家及全球提供山区绿化覆盖指数变化的监测与评估；积极挖掘山区绿化覆盖指数与环境保护内涵，指导区域、国家山地生态环境可持续发展措施实施。

（5）针对 SDG 15.5.1，分析中国濒危物种受威胁因素的组成和空间分布，为有针对性地开展濒危物种的保护管理提供信息支撑，尽快地扭转生物多样性丧失的态势。对全球其他濒危物种栖息地进行评估，分析破碎化以及其他影响因素。

第八章

总结与展望

总结与展望

《变革我们的世界：2030 年可持续发展议程》中，各项政策决策的推进必须基于科学证据。在此过程中，不但需要持续、及时地采集、监测各类 SDGs 相关数据，还要依靠高质量的科学方法使用这些数据，帮助联合国各成员国做出更好的政策决策。

本报告针对 6 个 SDGs（零饥饿、清洁饮水和卫生设施、可持续城市和社区、气候行动、水下生物和陆地生物）中的 20 个指标，从数据产品、模型方法和决策支持三个方面在不同区域开展了地球大数据支撑联合国 SDGs 指标评估的案例研究。

（1）针对 SDG 2.3.1 和 SDG 2.4.1 两个零饥饿指标，分别从全球和中国两个空间尺度，提出了融合遥感、统计、地面调查等多元数据的指标 / 亚指标评估方法，发现 2009～2018 年，全球单位劳动力农作物产量总体呈逐渐上升趋势，增加了 34%；1987～2015 年，中国粮食生产的用地、灌溉耗水、氮肥过施和磷肥过施四项指标的环境强度在 26% 的耕地上全部下降，这些耕地在所有四项指标上均向着可持续方向发展。

（2）针对 SDG 6.1.1、SDG 6.3.2、SDG 6.4.1、SDG 6.6.1 四个清洁饮水和卫生设施指标，在中国、摩洛哥、东南亚、中亚区域，提出了基于多源数据融合的安全饮用水人口分析方法、面向农业灌区水资源管理的作物水分生产力估算方法，提供了 1990～2015 年东南亚地区红树林分布数据集、2018 年中亚五国 16 m 地表水面数据集，上述案例在 SDG 6 指标评估新方法、评估数据新来源上进行了实践。

（3）针对 SDG 11.2.1、SDG 11.3.1、SDG 11.4.1、SDG 11.6.2、SDG 11.7.1 五个可持续城市和社区指标，从全球—区域—中国三个空间尺度上开展了基于对地观测、社交媒体、统计、地面调查等地球大数据指标监测与评估实践新方法。提供了全球 10 m 分辨率高精度城市不透水面空间分布数据、"一带一路"沿线区域 1500 个人口超过 30 万的城市 1990～2015 年城市扩张数据以及美丽中国城市可持续发展指标评价数据集等 SDG 11 指标评估新数据；实现了"一带一路"沿线区域城市 1990～2015 年每五年 SDG 11.3.1 指标的监测与评估，揭示了"一带一路"沿线区域发展中国家土地城镇化和人口城镇化协调发展面临的重大挑战；证实了保护区"单位面积支出总额"更能科学合理地反映区域世界遗产的可持续发展状况；构建了美丽中国城市评价指标体系和决策支持平台，实现了美丽中国城市现状的综合评价。

（4）针对 SDG 13.1.1、SDG 13.3 两个气候行动目标 / 指标，通过 1980～2018 年 EM-DAT 数据的空间化分析，发现 2000 年后非洲、亚洲、欧洲以及大洋洲整体 SDG 13.1.1 指标均有下降，反映出其减灾能力得到一定提升。以 CO_2 浓度变化对气候变化的响应分析、冰川响应气候变化分析为例，阐证了卫星观测等地球大数据手段在建立应对气候变化的知识和能力上发挥的科学作用，其可为后续区域气候变化应对基础能力建设提供有力的数据支持。

（5）针对 SDG 14.1.1、SDG 14.2.1 两个水下生物指标，基于压力—状态—响应框架，构建了中国近海富营养化综合评估体系，基于海域生态系统结构、服务功能及生态灾害 / 疾病等各项特征，结合机器学习方法，建立了中国近海典型海域生态系统健康评估方法。相关案例为发展"中国近海营养盐污染和富营养化管理"等本地 SDG 14 指标评估提供了新方法。

（6）针对 SDG 15.1.1、SDG 15.1.2、SDG 15.3.1、SDG 15.4.2、SDG 15.5.1 五个陆地生物指标，提出了地球大数据全球土地退化评估方法体系、适用于内陆干旱区土地退化精准评价指标体系新方法，提供了全球土地退化、中亚及蒙古国土地退化、"一带一路"沿线国家和地区山区绿化覆盖指数、中南半岛森林覆盖、中国物种红色名录指数、中国森林生态系统保护关键区域、全国大熊猫栖息地、钱江源国家公园生物多样性等多个尺度的 SDG 15评估相关新数据，发现和提出国家公园保护优先性、全球土地退化零增长国别贡献、中蒙俄经济走廊铁路沿线荒漠化防控、中国森林生态系统保护空白区监测、综合种群和栖息地因素的大熊猫保护建议等中国方案。

上述案例是科技支撑可持续发展的实践，借助地球大数据技术和分析工具，可以更高效地收集和分析数据，弥补 SDGs 指标评价数据的缺失，提升评价数据的时空分辨率和精度，为方法及数据尚不明确的 SDGs 指标评价提供新思路。

全球必须在 2030 年之前实现 SDGs 目标，而留给各国的时间只有 11 年。我们在地球大数据支撑 SDGs 实践方面，也依然面临许多挑战。

（1）依据数据获取程度和评估方法的情况，目前在全球层面 SDGs 各指标被分成了三大类，该全球指标框架为各国进行 SDGs 指标评估提供了一个基本架构。然而不同国家、地区之间，由于对信息、网络技术的拥有和应用程度，以及地球大数据创新能力的差别存在评估方法鸿沟，许多国家特别是发展中国家，尚无有效开展 SDGs 科学评估的方法路线图。研究、制定可适用于全球层面的 SDGs 地球大数据监测方法体系，并将其在全球进行推广，可帮助处于不同发展阶段的各成员国缩小 SDGs 评估的能力差异。

（2）SDGs 指标评估涉及不同类型数据，既包括人口、卫生、经济数据，也涵括土地、交通、林业等生态环境数据。同时，SDGs 指标往往对应不同空间、时间尺度的社会现象或生态环境问题，既需要长时间系列的历史数据，也需要年度更新的最新动态数据，目前这无论对发达国家还是发展中国家均非易事。要适应关于 SDGs 监测的新需求，就要改革现有以统计调查为主要来源的数据获取方式，尝试在各成员国加大地球大数据基础设施建设，进一步拓宽数据的来源和渠道，以全面提供 SDGs 评估所需的多类型、多空间、多年度的信息数据。

（3）在全球层面，众多机构正致力于构建面向不同 SDGs 评估需求的数据和信息平台，联合国也通过可持续发展知识平台（Sustainable Development Knowledge Platform）、技术促进机制在线平台（TFM Online Platform）等推进 SDGs 评估信息的共享。然而由于从政策层面尚缺乏具有共识性的共享策略，从技术层面尚不具备包括数据结构、数据安全性等方面的统一标准，各 SDGs 评估机构和平台在访问其他部门拥有的数据时难免受到权限阻碍，或有些数据基于特定的统计单位形成，不能被其他用户直接使用等。为充分发挥地球大数据在 SDGs 评估中的作用，我们需要加强相关国家机构、国际组织、国际科学计划间多部门、多学科的交叉协作配合，共同研究指标评估方法、数据的共享模式，合作制定技术标准，联合提供应用示范，携手利用地球大数据服务全球可持续发展。

在过去的一年多时间，CASEarth 在 SDGs 指标评估方法、数据拓展等方面进行了先期的研究，而面向上述地球大数据支撑 SDGs 实践的挑战，还需要重点开展以下工作。

1. 加强地球大数据支撑 SDGs 指标评价的案例研究

数据是制约可持续评价准确性的一个突出瓶颈问题。联合国 SDGs 评价指标中尚有 39% 的指标有明确的方法，但缺乏评价数据（Tier Ⅱ），同时 16% 的指标既没有明确的方法也没有评价数据（Tier Ⅲ）。基于地球大数据开展 Tier Ⅱ 和 Tier Ⅲ 指标的评价还有很大的潜力和空间。本报告包括的 20 个 SDGs 指标包括 6 个 Tier Ⅰ、10 个 Tier Ⅱ、4 个 Tier Ⅲ指标，下一步将重点面向 Tier Ⅲ 指标，研究基于地球大数据的评价模型和数据，充分考虑卫星遥感数据、网络数据以及地面站点数据等（PM2.5 监测、水质监测等）的结合，发展新的全球尺度适用性模型和方法，对 SDGs 指标开展更为全面的评价，形成系列可推广、可共享的地球大数据 SDGs 指标评价案例库。

2. 开展多 SDGs 目标及指标的协同评估研究

《变革我们的世界：2030 年可持续发展议程》强调了 SDGs 及其指标的综合性和不可分割性，各目标和指标之间是相互联系、相互作用的。SDGs 特别是地球表层与环境、资源密切相关的诸多目标，具有大尺度、周期变化的特点，地球大数据的宏观、动态监测能力为分析 SDGs 各指标之间的相互关系与作用提供了重要的科学手段。本报告开展了针对单一 SDG 指标的监测研究，下一步将利用地球大数据加强对可持续发展目标与指标之间相互作用关系的研究，探索新的工具和方法，综合量化 SDGs 各目标与指标之间相互作用关系的程度，提供更相关、更丰富的信息用于决策支持。

3. 加强与相关政府部门的联系

在联合国可持续发展目标的实践中政府部门是主要的引导者和实践者；在 SDGs 的落实过程中，政府部门有大量的决策咨询需求。让科学数据服务于决策，辅助各部门高效、精准地制定相关政策是地球大数据科学服务的重要目标。加强与相关政府部门的联系，减少科学家、决策者之间的科学"数据鸿沟"，实现科学数据的可获取、可理解、可评价、可应用，提升科学为决策服务的可信度是地球大数据服务 SDGs 工作的核心内容。下一步将在技术促进机制框架下，通过地球大数据共享服务平台，实现面向政府部门的 SDGs 指标监测数据与结果的共享，并将以此为契机推动地球大数据服务政府决策的长期高效机制。

4. 加强与联合国相关机构的 SDGs 合作研究

联合国已在可持续发展目标全球指标框架上建立了一个复杂的治理体系，联合国和各国家层面都涉及许多利益相关者。CASEarth 实施一年以来，已经与联合国环境规划署、《联合国防治荒漠化公约》等开展合作，构建地球大数据为核心的技术促进机制，服务保护生态环境、合理利用自然资源等领域的 SDGs。未来，将拓展同更多 SDGs 相关联合国机构 [如联合国教育、科学及文化组织（UNESCO）、联合国粮食及农业组织（FAO）、联合国人类住区规划署（UN-Habitat）、联合国减少灾害风险办公室（UNDRR）等] 的合作，将已开展的 SDGs 指标监测与评估的数据、方法、决策支持案例等及时同相关机构共享，支持更多国家，特别是发展中国家提高运用地球大数据服务可持续发展的科技能力，支持可持续发展目标在全球的实践。

5. 方法和技术在"一带一路"沿线区域的推广

"一带一路"沿线区域在 SDGs 指标监测与评估方面面临着如何将众多目标具体落实到处于不同发展阶段的国家这一难题。无论从方法论还是有效数据的获取性来说，"一带一路"沿线国家尤其是发展中国家在监测 SDGs 的进度，开展本土化的执行等方面均非常困难。本报告的地球大数据案例分析，提供了"一带一路"沿线区域农业与粮食安全、灾害风险、气候与环境、城镇化、陆地生态等多个可持续发展目标相关内容实践。下一步将结合"数字丝路"国际科学计划的实施，特别是其在巴基斯坦、泰国、俄罗斯、意大利、摩洛哥、赞比亚、芬兰和美国等地建立的 8 个"数字丝路国际卓越中心"，进行区域尺度地球大数据 SDGs 指标监测案例的推广，提升地球大数据在"一带一路"沿线区域的科技支撑能力。

主要参考文献

Acuto M, Parnell S, Seto K C. 2018. Building a global urban science. Nature Sustainability, 1: 2-4.

Andries A, Morse S, Murphy R, et al. 2019. Translation of earth observation data into sustainable development indicators: An analytical framework. Sustainable Development, 27: 366-376. http:// doi: 10.1002/sd.1908.

Anwar M R, Liu D L, Macadam I, et al. 2013. Adapting agriculture to climate change: A review. Theoretical and Applied Climatology, 113(1-2): 225-245.

Bao Q, Xu X F, Li J X, et al. 2018. Outlook for El Nino and the Indian Ocean Dipole in autumn-winter 2018—2019. Chinese Science Bulletin, 64(1): 73-78.

Behnke R H, Mortimore M. 2016. The End of Desertification? Berlin: Springer-Verlag.

Brander L M, Koetse M J. 2011. The value of urban open space: Meta-analyses of contingent valuation and hedonic pricing results. Journal of Environment Management, 92(10): 2763-2773.

Bricker S B, Ferreira J G, Simas T. 2003. An integrated methodology for assessment of estuarine trophic status. Ecological Modelling, 169(1): 39-60.

Butler J H, Montzka S A. 2016. The NOAA annual greenhouse gas index (AGGI). http://www.esrl. noaa.gov/gmd/ aggi/aggi.html [2019-10-22].

Chen C, Park T, Wang X H, et al. 2019. China and India lead in greening of the world through land-use management. Nature Sustainability, 2:122-129.

Cherlet M, Hutchinson C, Reynolds J, et al. 2018. World Atlas of Desertification, Publication Office of the European Union, Luxembourg. https://wad.jrc.ec. europa.eu [2019-10-22].

Cloern J E. 2001. Our evolving conceptual model of the coastal eutrophication problem. Marine Ecology Progress Series, 210: 223-253.

Cooper P J M, Dimes J, Rao K P C, et al. 2008. Coping better with current climatic variability in the rain-fed farming systems of sub-Saharan Africa: An essential first step in adapting to future climate change. Agriculture, Ecosystems & Environment, 126(1-2): 24-35.

Cowie A L, Orr B J, Sanchez V M C, et al. 2018. Land in balance: The scientific conceptual framework for land degradation neutrality. Environmental Science & Policy, 79: 25-35.

Devlin M, Bricker S, Painting S. 2011. Comparison of five methods for assessing impacts of nutrient enrichment using estuarine case studies. Biogeochemistry, 106: 177-205.

Dinerstein E, Olson D, Joshi A, et al. 2017. An ecoregion-based approach to protecting half the terrestrial realm. Bioscience, 67(6): 534-545.

FAO. 2007. The World's Mangroves 1980—2005. FAO Forestry Paper 153, Rome.

Giri C, Ochieng E, Tieszen L L, et al. 2011. Status and distribution of mangrove forests of the world using earth observation satellite data. Global Ecology and Biogeography, 20(1): 154-159.

Grimm N B, Faeth S H, Golubiewski N E, et al. 2008. Global change and the ecology of cities. Science, 319(5864): 756-760.

Guo H D, Wang L Z, Chen F, et al. 2014. Scientific big data and Digital Earth. Chinese Science Bulletin, 59(35): 5066-5073.

Guo H D, Wang L Z, Liang D. 2016. Big Earth Data from space: a new engine for Earth science. Science Bulletin, 61(7): 505-513.

Guo H D. 2017. Big data drives the development of Earth science. Big Earth Data, 1(1-2): 1-3.

Guo H D. 2017. Big Earth data: A new frontier in Earth and information sciences. Big Earth Data, 1(1-2): 4-20.

Guo H D, Liu Z, Jiang H, et al. 2017. Big Earth Data: a new challenge and opportunity for Digital Earth's development. International Journal of Digital Earth, 10(1): 1-12.

Guo H D. 2018 . Steps to the digital Silk Road. Nature, 554: 25-27.

Guo H D, Liu J, Qiu Y B, et al. 2018. The Digital Belt and Road program in support of regional sustainability. International Journal of Digital Earth, 11(7): 657-669.

Halpern B S, Longo C, Hardy D, et al. 2012. An index to assess the health and benefits of the global ocean. Nature, 488 (7413): 615-620.

Halpern B S, Walbridge S, Selkoe K A, et al. 2008. A global map of human impact on marine ecosystems. Science, 319 (5865): 948-952.

He Z, Zeng Z C, Lei L, et al. 2017. A data-driven assessment of biosphere-atmosphere interaction impact on seasonal cycle patterns of X_{CO_2} using GOSAT and MODIS observations. Remote

Sensing, 9(3): 251.

Hsu N C, Tsay S C, King M D, et al. 2006. Deep blue retrievals of Asian aerosol properties during ACE-Asia. IEEE Transactions on Geoscience and Remote Sensing, 44(11): 3180-3195.

IUCN. 2016. A Global Standard for the Identification of Key Biodiversity Areas,Version 1.0. First edition. Gland, Switzerland: IUCN.

Jiang L L, Jiapaer G, Bao A M, et al. 2019. Monitoring the long-term desertification process and assessing the relative roles of its drivers in Central Asia. Ecological Indicators, 104: 195-208.

Johnson S, Logan M, Fox D, et al. 2016. Environmental decision-making using Bayesian networks: Creating an environmental report card. Applied Stochastic Models in Business and Industry, 33(4): 335-347.

Kaufman Y J, Tanré D, Remer L A, et al. 1997. Operational remote sensing of tropospheric aerosol over land from EOS moderate resolution imaging spectroradiometer. Journal of Geophysical Research-Atmospheres, 102(D14): 17051-17067.

Klein I, Gessner U, Dietz A J, et al. 2017. Global WaterPack – A 250 m resolution dataset revealing the daily dynamics of global inland water bodies. Remote Sensing of Environment, 198: 345-362.

Kosmas C, Kirkby M, Geeson N. 1999. Manual on key indicators of desertification and mapping environmentally sensitive areas to desertification. European Commission: 87.

Kroner R E G, Qin S Y, Cook C N, et al. 2019. The uncertain future of protected lands and waters. Science, 364(6443): 881.

Levy R C, Remer L A, Kleidman R G, et al. 2010. Global evaluation of the Collection 5 MODIS dark-target aerosol products over land. Atmospheric Chemistry and Physics, 10(21): 10399-10420.

Liu J, Bowman K W, Schimel D S, et al. 2017. Contrasting carbon cycle responses of the tropical continents to the 2015—2016 El Nino. Science, 358: 6360.

Lu S L, Ma J, Ma X Q, et al. 2019. Time series of Inland Surface Water Dataset in China (ISWDC) for 2000—2016 derived from MODIS archives. Earth System Science Data, 11(3): 1099-1108.

Masó J, Serral I, Domingo-Marimon C, et al. 2019. Earth observations for sustainable development goals monitoring based on essential variables and driver-pressure-state-impact-response indicators. International Journal of Digital Earth, doi:10.1080/17538947.2019.1576787.

Micklin P, Aladin N V, Plotnikov I. 2016. The Aral Sea. Berlin: Springer-Verlag.

Monfreda C, Ramankutty N, Foley J A. 2008. Farming the planet: 2. Geographic distribution of crop areas, yields, physiological types, and net primary production in the year 2000. Global Biogeochemical Cycles, 22: 89-102.

Nicolai S, Hoy C, Berliner T, et al. 2016. Projecting Progress: Reaching the SDGs by 2030. London: Overseas Development Institute.

Niu Z G, Zhang H Y, Gong P. 2011. More protection for China's wetlands. Nature, 471(7338): 305.

NOWPAP CEARAC. 2011. Integrated Report on Eutrophication Assessment in Selected Sea Areas in the NOWPAP Region: Evaluation of the NOWPAP Common Procedure. NOWPAP CEARAC, Toyama, Japan.

Parry M L. 2007. Climate Change 2007: Impacts, Adaptation and Vulnerability: Contribution of Working Group II to the Fourth Assessment Report of the Intergovernmental Panel on Climate Change (Vol. 4). Cambridge: Cambridge University Press.

Pekel J F, Cottam A, Gorelick N, et al. 2016. High-resolution mapping of global surface water and its long-term changes, Nature, 540(7633): 418-422.

Poulter B, Frank D, Ciais P, et al. 2014. Contribution of semiarid ecosystems to interannual variability of the global carbon cycle. Nature, 509(7502): 600.

Rapport D J. 1995. Ecosystem health: Exploring the territory. Ecosystem Health, 1(1): 5-13.

Sachs J, Schmidt-Traub G,Kroll C, et al. 2016. SDG Index and Dashboards—Global Report. New York: Bertelsmann Stiftung and Sustainable Development Solutions Network (SDSN).

Shaddick G, Thomas M L, Jobling A, et al. Data integration model for air quality: A hierarchical approach to the global estimation of exposures to ambient air pollution. Royal Society, arXiv: 1609.00141v2.

Shi Y F, Liu C H, Kang E C, et al. 2018. Concise Glacier Inventory of China. Shanghai: Shanghai Popular Science Press.

Siebert S, Döll P. 2010. Quantifying blue and green virtual water contents in global crop production as well as potential production losses without irrigation. Journal of Hydrology, 384(3-4): 198-217.

Sims N C, England J R, Newnham G J, et al.2019. Developing good practice guidance for estimating land degradation in the context of the United Nations Sustainable Development Goals. Environmental Science & Policy, 92: 349-355.

Sims N, Green C, Newnham G, et al. 2017. Good Practice Guidance. SDG Indicator 15.3. 1, Proportion of Land That Is Degraded Over Total Land Area. Bonn: United Nations Convention to

Combat Desertification (UNCCD) .

Sun Z C, Xu R, Du W J, et al. 2019. High-resolution urban land mapping in China from sentinel 1A/2 imagery based on Google Earth Engine. Remote Sensing, 11(7): 752.

Thomas E, Erik A, Niki F, et al. 2019. Sustainability and resilience for transformation in the urban century, Nature Sustainability, 2: 267-273.

Thornton P K, Jones P G, Alagarswamy G, et al. 2009. Spatial variation of crop yield response to climate change in East Africa. Global Environmental Change, 19(1): 54-65.

Tulbure M G, Broich M, Stehman S V, et al. 2016. Surface water extent dynamics from three decades of seasonally continuous Landsat time series at subcontinental scale in a semi-arid region. Remote Sensing Environment, 178: 142-157.

UNDESA. 2014. World Urbanization Prospects: The 2014 Revision. New York: United Nations.

United Nations Education, Scientific Cultural Organization. 1972. Convention Concerning the Protection of the World Cultural and Natural Heritage. Paris: United nations Education, Cultural and Science Organization.

UN-Habitat. 2019. A guide to assist national and local governments to monitor and report on SDG goal 11+ indicators.https://smartnet.niua.org/sites/default/files/resources/sdg-goal-11-monitoring-framework.pdf [2019-10-22].

United Nations. 2015. Transforming Our World: The 2030 Agenda for Sustainable Development. New York: United Nations .

United Nations. 2018. Tracking Progress Towards Inclusive, Safe, Resilient and Sustainable Cities and Human Settlements. http://apo.org.au/sites/default/files/resource-files/2018/07/apo-nid182836-1238856.pdf.

United Nations. 2019. The Sustainable Development Goals Report 2019, Online Edition. https://unstats.un.org/sdgs/ report/2019.

Verpoorter C, Kutser T, Seekell D A, et al. 2014. A global inventory of lakes based on high-resolution satellite imagery. Geophysical Research Letters, 41: 6396-6402.

Wang J L, Wei H S, Cheng K, et al. 2019. Spatio-temporal pattern of land degradation along the China-Mongolia railway (Mongolia). Sustainability, 11(9): 2705.

Wei H S, Wang J L, Cheng K, et al . 2018. Desertification information extraction based on feature space combinations on the Mongolian plateau. Remote Sensing, 10(10): 1614.

Wunder S, Kaphengst T, Frelih-Larsen A. 2018. Implementing land degradation neutrality (SDG 15.3) at national level: General approach, indicator selection and experiences from Germany. In: Ginzky H, Dooley E, Heuser I, et al. International Yearbook of Soil Law and Policy 2017, Cham: Springer: 191-219.

Xu W H, Viña A, Kong L Q, et al. 2017. Reassessing the conservation status of the giant panda using remote sensing. Nature Ecology & Evolution, 1(11): 1635-1638.

Zeng Z C, Lei L P, Hou S S, et al. 2014. A regional gap-filling method based on spatiotemporal variogram model of columns. IEEE Transactions on Geoscience and Remote Sensing, 52(6): 3594-3603.

Zeng Z C, Lei L P, Strong K, et al. 2017. Global land mapping of satellite-observed CO_2 total columns using spatio- temporal geostatistics. International Journal of Digital Earth, 10(4): 426-456.

Zhao L N, Li J Y, Liu H Y, et al. 2016. Distribution, congruence, and hotspots of higher plants in China. Scientific Reports, 6: 19080.

Zhao L N, Yang Y C, Liu H Y, et al. 2019. Spatial knowledge deficiencies drive taxonomic and geographic selectivity in data deficiency. Biological Conservation 231: 174-180.

Zheng Y M, Niu Z G, Gong P, et al. 2015. A database of global wetland validation samples for wetland mapping. Science Bulletin, 60(4): 428-434.

Zheng Y M, Niu Z G, Gong P, et al. 2017. A method for alpine wetland delineation and features of border: Zoig Plateau, China. Chinese Geographical Science, 27(5): 784-799.

Zheng Y M, Zhang H Y, Niu Z G, et al. 2012. Protection efficacy of national wetland reserves in China. Chinese Science Bulletin, 57(10): 1116-1134.

Zhu J A. 2005. Transitional Institution for the Emerging Land Market in Urban China. Urban Studies, 42(8):1369-1390.

Zscheischler J, Mahecha M D, Harmeling S, et al. 2013. Detection and attribution of large spatiotemporal extreme events in Earth observation data. Ecological Informatics, 15: 66-73.

Zuo L J, Wang X, Liu F, et al. 2013. Spatial exploration of multiple cropping efficiency in China based on time series remote sensing data and econometric model. Journal of Integrative Agriculture, 12(5): 903-913.

Zuo L J, Zhang Z X, Carlson K M, et al. 2018. Progress towards sustainable intensification in China challenged by land-use change. Nature Sustainability, 1: 304-313.

邓伟, 李爱农, 南希, 等. 2015. 中国数字山地图. 北京：中国地图出版社.

郭华东. 2014. 大数据、大科学、大发现——大数据与科学发现国际研讨会综述. 中国科学院院刊 29(4): 500-506.

郭华东, 王力哲, 陈方, 等. 2014. 科学大数据与数字地球. 科学通报 59(12): 1047-1054.

郭华东, 陈润生, 徐志伟, 等. 2016. 自然科学与人文科学大数据——第六届中德前沿探索圆桌会议综述. 中国科学院院刊 31(6): 707-716.

郭华东. 2018. 2018 地球大数据科学工程. 中国科学院院刊, 33(8): 818-824.

郭华东. 2018. 科学大数据——国家大数据战略的基石. 中国科学院院刊, 33(8): 768-773.

郭华东. 2018-7-30. 利用地球大数据促进可持续发展. 人民日报, 7 版.

何立峰. 2017. 国家新型城镇化报告 2016. 北京：中国计划出版社.

廖静娟, 甄佳宁. 2019. 基于 1987—2017 年 Landsat 数据的海南岛红树林变化数据集. 中国科学数据, 4(2): 12-19.

刘时银, 姚晓军, 郭万钦, 等. 2018. 基于第二次冰川编目的中国冰川现状. 地理学报, 70(1): 3-16.

吕婷婷, 周翔, 刘闯, 等. 2015. 东南亚地区红树林空间分布数据集. 全球变化科学研究数据出版系统. DOI: 10.3974/geodb.2015.01.08.V1.

欧阳志云, 徐卫华, 肖燚. 2017. 中国生态系统格局质量服务与演变. 北京：科学出版社.

唐孝炎, 张远航, 邵敏. 2006. 大气环境化学（第二版）. 北京：高等教育出版社.

王卷乐, 程凯, 祝俊祥, 等. 2018. 蒙古国 30 米分辨率土地覆盖产品研制与空间分局分析. 地球信息科学学报, 20(9): 1263-1273.

王琦安, 施建成, 廖小罕, 等. 2019. 全球生态环境遥感监测 2018 年度报告："一带一路"生态环境状况及态势. 北京：测绘出版社.

俞志明, 沈志良, 等. 2011. 长江口水域富营养化. 北京：科学出版社.